U0207414

DESIGN & VISUAL IDENTITY

FOR CHILDREN'S SPACES

儿童空间视觉形象设计

DESIGN & VISUAL IDENTITY FOR CHILDREN'S SPACES

[墨]卡洛斯 · 马丁内斯 · 特鲁希略（Carlos Martínez Trujillo）/ 编
潘潇潇 / 译

广西师范大学出版社
· 桂林 ·
images
Publishing

图书在版编目（CIP）数据

儿童空间视觉形象设计 /（墨）卡洛斯·马丁内斯·特鲁希略编；潘潇潇译．—桂林：广西师范大学出版社，2021.4

ISBN 978-7-5598-3604-5

Ⅰ．①儿… Ⅱ．①卡… ②潘… Ⅲ．①儿童－房间－室内装饰设计 Ⅳ．① TU241

中国版本图书馆 CIP 数据核字（2021）第 026080 号

儿童空间视觉形象设计
ERTONG KONGJIAN SHIJUE XINGXIANG SHEJI

责任编辑：冯晓旭
助理编辑：杨子玉
装帧设计：马韵蕾

广西师范大学出版社出版发行
（广西桂林市五里店路 9 号　　邮政编码：541004
网址：http://www.bbtpress.com）
出版人：黄轩庄
全国新华书店经销
销售热线：021-65200318　021-31260822-898
恒美印务（广州）有限公司印刷
（广州市南沙区环市大道南路 334 号　邮政编码：511458）
开本：889mm × 1 194mm　　1/16
印张：14.5　　字数：126 千字
2021 年 4 月第 1 版　　2021 年 4 月第 1 次印刷
定价：228.00 元

Contents

目 录

医疗保健

文化

零售

为孩子们设计“避风港”

卡洛斯·马丁内斯·特鲁希洛
（Carlos Martínez Trujillo）

卡洛斯·马丁内斯·特鲁希洛是 Bienal 工作室的创始人兼负责人。这家工作室专注于概念与品牌设计，曾多次荣获国际大奖。卡洛斯在很小的时候便开始周游世界，他的出生地梅里达（Mérida）以及他的每个旅行目的地都极大地影响了他的创作。卡洛斯将自己所学与实践相结合，他在艺术方面的认知已经成为其创作的一个重要部分。对他来说，旅行给他的精神生活以及对符号语言的使用带来了深远的影响。同时，他一直在寻找具有设计感、历史感、工艺性和灵魂的物件，探索的热情使他成了手工艺品收藏家。

一个孩子坐在客厅的桌子旁，桌上摆放着一张白纸和一盒蜡笔。他（她）独自坐在那里，开始画画，心无旁骛。他（她）将注意力全部集中在画上，脸都快要贴到纸上了。看起来，这个孩子很想进入自己画中的世界，就好像一位专注的艺术家，只能感知到纸张、蜡笔和正在绘制的图画。彩色的画笔移动着，白纸上开始呈现出各种图案，有些可以辨识，有些却无法辨识。孩子使用了蜡笔盒中的所有颜色，但有一种颜色比其他颜色使用得更多——蓝色，那似乎是他（她）最需要的颜色。

时间在不断地流逝，当大人走近时，孩子仍然继续画着，没有放慢速度，纸上很快便没有了空白。这时，长辈问他（她）：

——你在做什么？

——画画。

——画的是什么呀？

——一切。

——这些画是为某个人画的吗?

——不是。

——你想卖掉它们吗?

——不想。

——你想让别人看到它们吗?

——不想。

——那为什么要画它们呢?

——没有原因。

这个故事体现了所有优秀设计的基础，也概括了 Bienal 工作室的设计准则：为了创造而创造。我们不断去创造不是为了超越，也不是为了酬劳，没有任何原因。对我们而言，品牌是一种概念，

也是一种体验。因此，每一个项目我们都必须全程参与，以交出最好的项目，让客户和使用者获得真正具有功能性、符合美学概念、超自然的体验，而每个项目的核心元素就是它自己的 DNA。

作为一家工作室，我们更喜欢把自己定义为一家讲故事的艺术和设计工作室，而不是一家品牌工作室。我们认为“品牌”正在开始成为一个有限的概念：它就是一个简短的项目列表，包括标识和某些应用。我们相信基本概念的重要性，并坚持将体验、气味、音乐和故事等元素整合在一起，奠定品牌的重要基础，这也是生成整体设计时最重要的元素。

创造是不可思议的，它为孩子们打开了一扇通往一个非同寻常的世界的大门，而作为成年人的我们，只能通过感受故事中那个孩童挥舞画笔时的激动之情，来重拾我们对创造的热爱。当我们努力成为学业上的“聪明的孩子”时，这些情感的力量常常被低估，然后令人沮丧地逐渐失去。

在故事中，孩子只接触了白纸和蜡笔。有了这两种材料，他（她）就在不经意间开始了创造——不求任何回报，没有奖章，没有掌声，也没有酬劳。由此可见，只有忽略可能存在的任何形式的奖励，并且摆脱完美主义、内在期望和外在影响这些可能会使人迷失方向的重担，成年人才能找回创造力。我所说的这些“危险”的奖励，足以让一个创造力十足的成年人逐渐成为一个被局限的生命，一个没有目的或回报就无法付诸创造性行动的人。

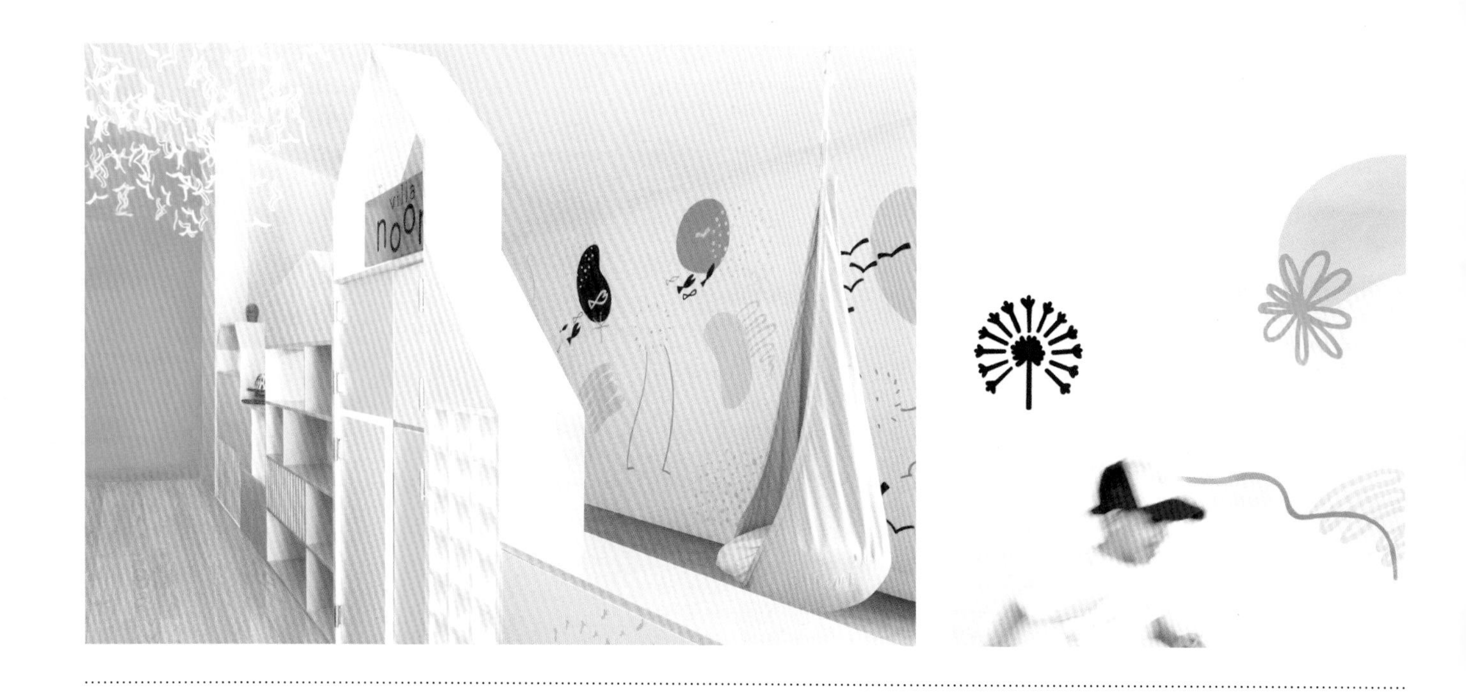

我认为创造力的产生源于本能，创造本身就是一种奖励。因此，我们从一个简单的、容易理解的故事引出我们想要探讨的主题：孩子是我们的老师，我们每个人曾经也都是个孩子。本书呈现的项目是我们这些成年人为孩子们设计的“避风港”。为孩子们设计项目需要成年人打破局限，并具有一定的同理心，这是一项巨大的挑战。我们必须让自己归零，重拾孩童时期对创造的热情。只有忘记所学，我们才可以将这些空间和概念想象成空白的画布。想要获得期望的结果，这种创造力一定不能被污染。当创造力爆发时，我们必须努力寻求结果；当发现结果时，要悉心呵护、小心培育。

供儿童成长、玩耍和创造的空间一定是美观的创意载体，能够为孩子的学习和探索提供所有必要条件。我很荣幸能够参与本书的编写。这本书是对 36 个儿童空间视觉形象设计项目的汇编，每个项目都融入了“大孩子们”的情感。在这些经过特殊设计的环境中，孩子们被字符、色彩、标示牌、游戏设施、指示装置、景观和应用场景所包围，这些元素将在一个个不同的空间中激励他们去探索与体验。

Education

教育

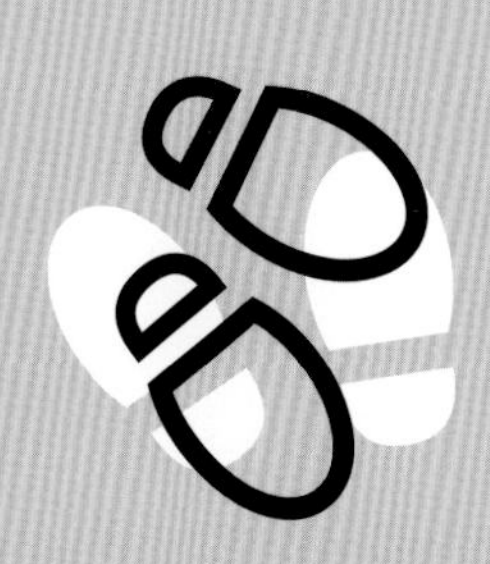

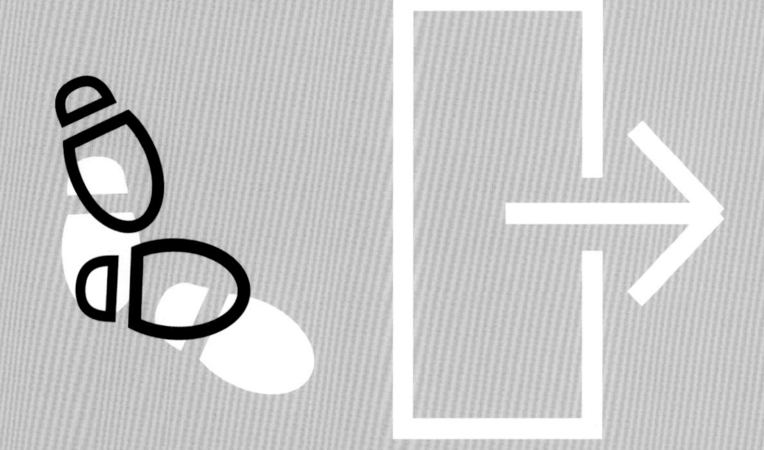

MO 幼儿园

项目地点：乌克兰，基辅

完成时间：2018

设计：about agency 公司

摄影：about agency 公司

MO 幼儿园位于乌克兰基辅。起初，委托方带着其注册商标“kidsworld”找到了 about agency 公司。因为儿童很难读出这个单词，所以委托方与设计公司决定对品牌进行更名，并设计新的动态品牌标识。新名字“MO”读起来就很简单了。幼儿园的乌克兰语原名的意思是：一家提供创新教育和全天候安全保障，并具有一定灵活性，充满新机遇的幼儿园。

如果学校和幼儿园中的视觉语言很无趣，儿童可能不会想来生活和学习，因此，创造有趣的动态品牌标识是至关重要的。与此同时，品牌标识所传达出的情感也很重要。设计师将新标识的主体设计成几个滑稽的怪兽形象，同时，将室内主色调定为黄色，以营造明亮、阳光的氛围，辅助色也选择了亮色，但更为柔和，满足了室内色彩调整的需要。整个空间以富有创意、引人入胜的视觉设计鼓励孩子们打造自己幻想中的世界。

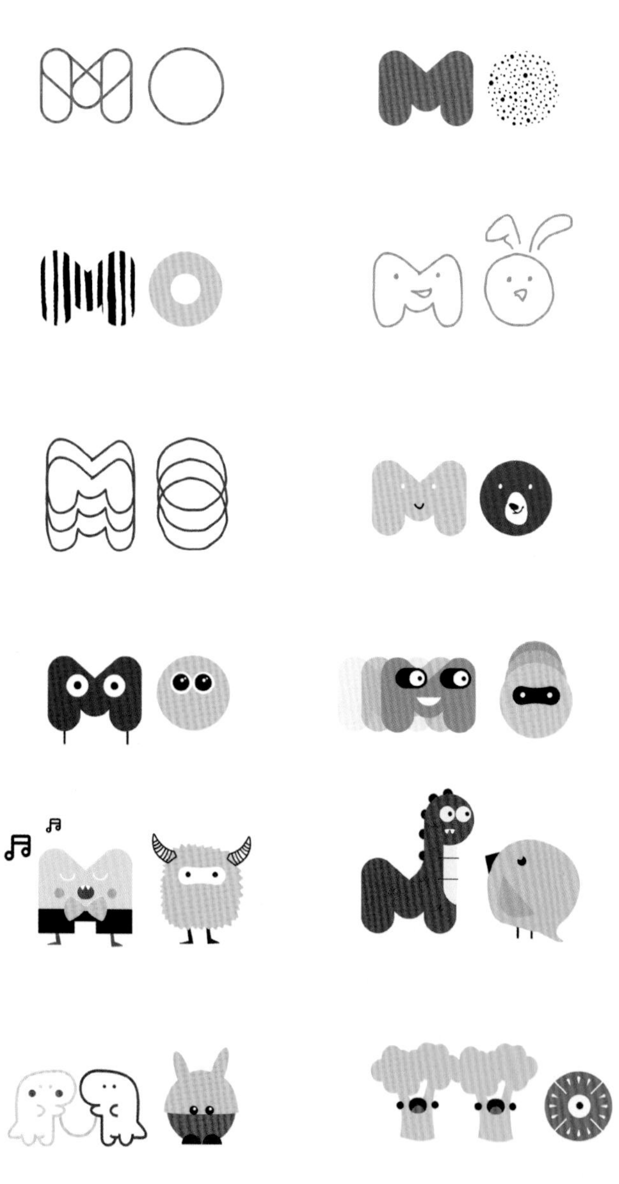

Дитячий садок
можливостей
МО
МОжу все!
Та
ти
шо
МО

MO Lively
1

Дівчатка

Hello!
Hello!
МАМО,
Я ХОЧУ В
ТОМУ ЩО
ВСЕ
ДЛЯ

Мамо, хочу в МО!
Та ти шо
Ціноутворення
МО
Карта Weekdays
15 600 грн
Інвестиційний внесок
15 000 грн
Політика лояльності

Для МОго розуму

Для МОго тіла

Для МОго розвитку

Hello!

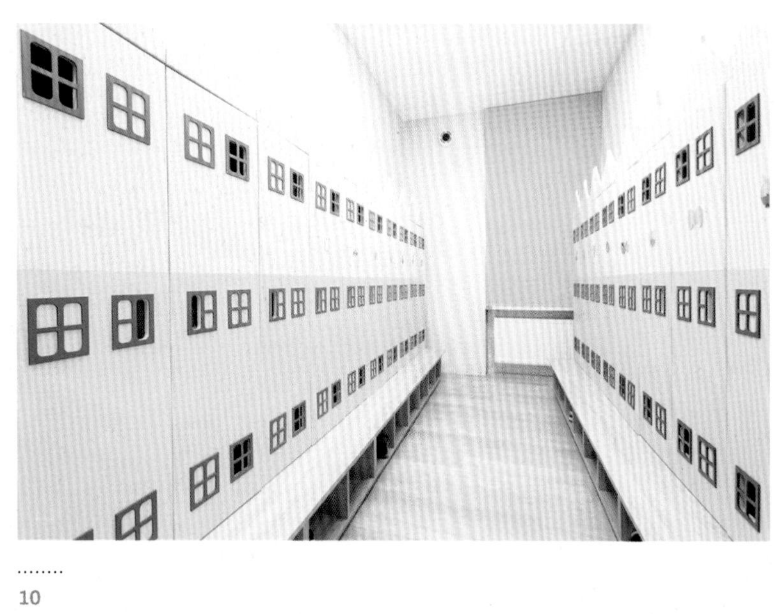

MO
Дитячий
садок
можливостей
Hello!
MO
Тетяна
Деменко

Noon 课外托管中心

项目地点：墨西哥，梅里达

完成时间：2016

设计：Bienal 工作室

摄影：Bienal 工作室

在梅里达，孩子们的放学时间在中午十二点到下午两点之间。Noon 课外托管中心提供了一个安全的环境，孩子们在这里可以得到照顾，在这个有趣且引人入胜的空间里度过放学后的时光，并通过有趣的活动来促进其认知、智力和运动技能等多方面的发展。

为了明确品牌形象，设计团队认真地分析了孩子们的思维运作方式，以及他们的创造力是如何不断变化的。他们发现孩子们对最微小的事物也会抱着敬畏之心，受此启发，设计团队为这个托管中心设计了带有蒲公英造型的品牌标识：蒲公英的种子在风中飘浮，带着孩子们的想象力去发现远方的田野、遥远的天空和不为人知的故事。同时，这个标识还可以使人联想到知识的形成和传播——如同种子随风到处飘荡。最终，设计团队与 TACO 建筑事务所合作完成了线条、图形和文字颜色的整合。

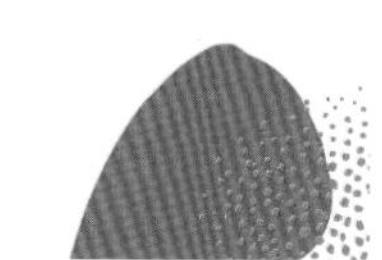

有趣的设计为孩子们的学习和成长奠定了坚实的基础。当孩子们在这色彩缤纷的空间中互动和玩耍时，他们的思绪飞扬，仿佛在准备与蒲公英一起飞翔。

noon

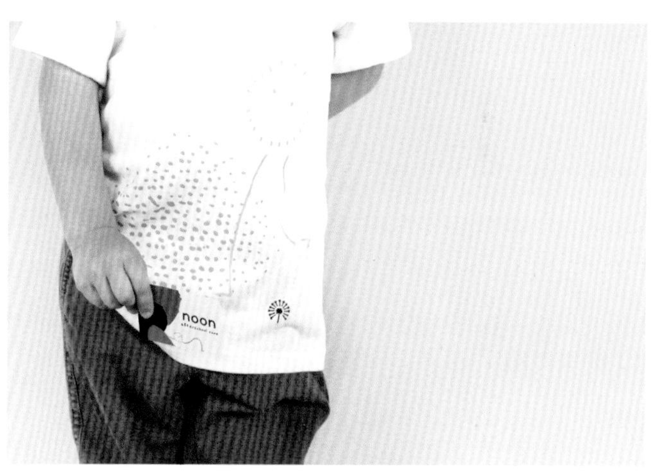
noon

noon
afterschool care

noon
Bb
noon

noon
afterschool care

villa

Space Dot Kids 托儿所

项目地点：韩国，济州岛

完成时间：2014

设计：LEE JUNE HYEONG

摄影：金荣秀（KIM YOUNG SOO）

该项目位于美丽的济州岛，是Daum通信公司员工专用的托儿所。其主标识由字母组成，每个字母仿佛都是孩子们画出的各种色彩明艳的灵动线条。设计师将儿童卡通形象与风、云、雨、阳光和草地等自然元素图形搭配使用，并与石头爷爷（Dolharbang）、火山锥（Volcanic Cone）和汉拿山（Halla Mountain）等济州岛的标志性形象相呼应，形成了一系列简单而活泼的象形符号。设计师通过使用墙上粗犷而灵动的涂鸦线条，以及孩子们喜爱的橙色、蓝色、黄色、绿色、紫色等充满活力的色彩，完成了整个品牌形象系统的设计。

Space Dot Kids托儿所还是一个环保空间，为孩子们提供了大自然般的环境——用可持续材料打造的空间装饰与济州岛的自然环境融为一体；指示牌是用可再生纸和其他天然环保材料等制成的，这些原材料主要源于白桦树和有机棉。这里的孩子们就如同在济州岛的自然环境中学习和成长。

space dot kids
다음커뮤니케이션 어린이집
스페이스닷키즈

Space dot kids
Space dot kids

Space dot kids
해오름반
이초록
Space dot kids
뭉게구름반
이다음

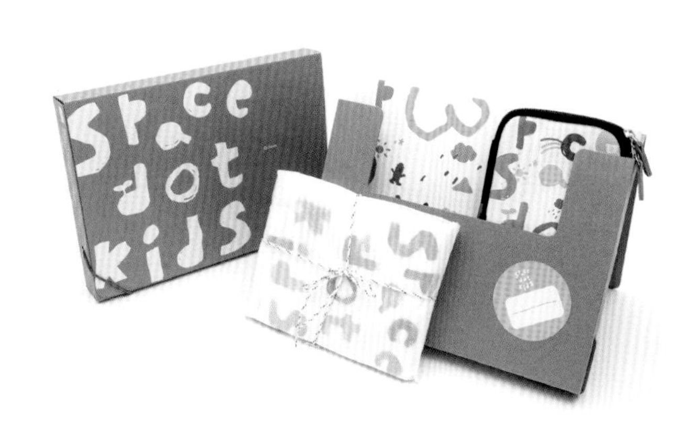
Space dot kids

가랑비반

별별 산호마을

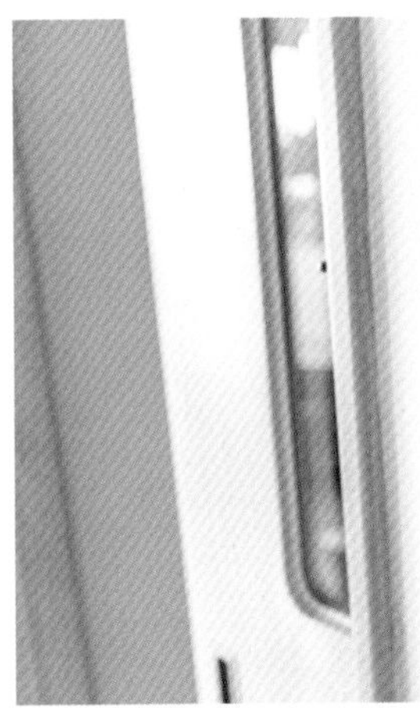

둥지방

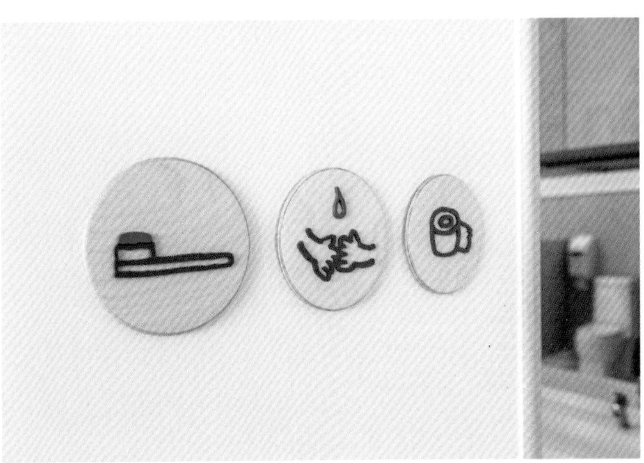

아름드리방

Yasuragi 幼儿园

项目地点：日本，京都

完成时间：2018

设计：Marble.co 事务所

摄影：Marble.co 事务所

Yasuragi 幼儿园是由田边中心医院（Tanabe Central Hospital）开办的。这是一个可以让孩子们自由成长的空间，每个孩子都可以在这里得到很好的照顾。

Marble.co 事务所接受委托，完成了这家幼儿园的视觉形象设计。标识呈“Y”形，下半部分看起来像是一粒发芽的种子，上半部分的两片叶子代表家庭和老师，这两个元素相结合，给人一种欢快而充满活力的感觉。标识被应用在宣传海报、校车、幼儿园建筑周围的指示牌等地方。设计团队希望通过标识设计传达的信息是：在家庭和老师的共同努力下，孩子们可以健康、快乐地成长。

在设计教室门口的指示装置时，设计团队使用了不透明的白色亚克力材料，上面印有草莓、橘子、苹果等水果的图案，充满童趣，即便是非常小的孩子，也很容易就能分辨出这些水果。

ALSOK

やすらぎ保育園

いちじほいくしつ

2さい

たもくてきしつ
たもくてきしつ

0さい
0さい

3さい
3さい

やすらぎ保育園
YASURAGI NURSERY SCHOOL
れんらくちょう

火災受信所
しょくいんしつ

ちょうりしつ

多恩比恩 Markt 幼儿园

项目地点：奥地利，多恩比恩

完成时间：2016

设计：Sägenvier 设计公司

摄影：达尔科 · 托多罗维奇（Darko Todorovic）

这个位于多恩比恩的幼儿园好像一个城市展示空间。这栋新建的两层建筑位于修道院和市政厅之间，可以容纳 92 名儿童，同时还设有供社区委员会使用的办公室和对公众开放的地下车库。

对设计团队来说，幼儿园标识系统的设计任务既富有挑战性，又充满趣味性。在施工阶段的一次会议中，设计师们像孩子一样畅所欲言，毫无拘束，并在纸上用蜡笔做出彩色标记，画出奇妙的植物、动物、人、物体和各种符号，这些文字、图画和形象构成了标识系统中的关键元素。

在楼上的起居室和学习室中，孩子们的插画也随处可见。四个房间的颜色各不相同，不同的家具颜色代表着孩子们所在的不同小组，这有助于将孩子们快速地组织起来，避免混乱，让每个小组的孩子都可以轻松地根据各个房间的颜色找到自己的活动室。混凝土墙、玻璃隔断上的指示性文字是用孩子们手写的字母设计出来的。孩子们边听边写，有时写下的字母甚至是歪歪扭扭的。设计团队并没有修正这一点，因为孩子们写下的文字给这栋建筑带来了独特的魅力。公共停车场的支柱和墙壁上的插画也是由孩子们创作的，它们将通常是灰色的停车场空间变成了巨大的“图画书”，展示着奇妙而丰富多彩的场景。

这里的每个孩子都有属于自己的唯一的动物标识和符号。这些标识和符号被用在他们的水杯、手工艺品盒、运动背包、衣帽柜上，以及其他陈列空间中。

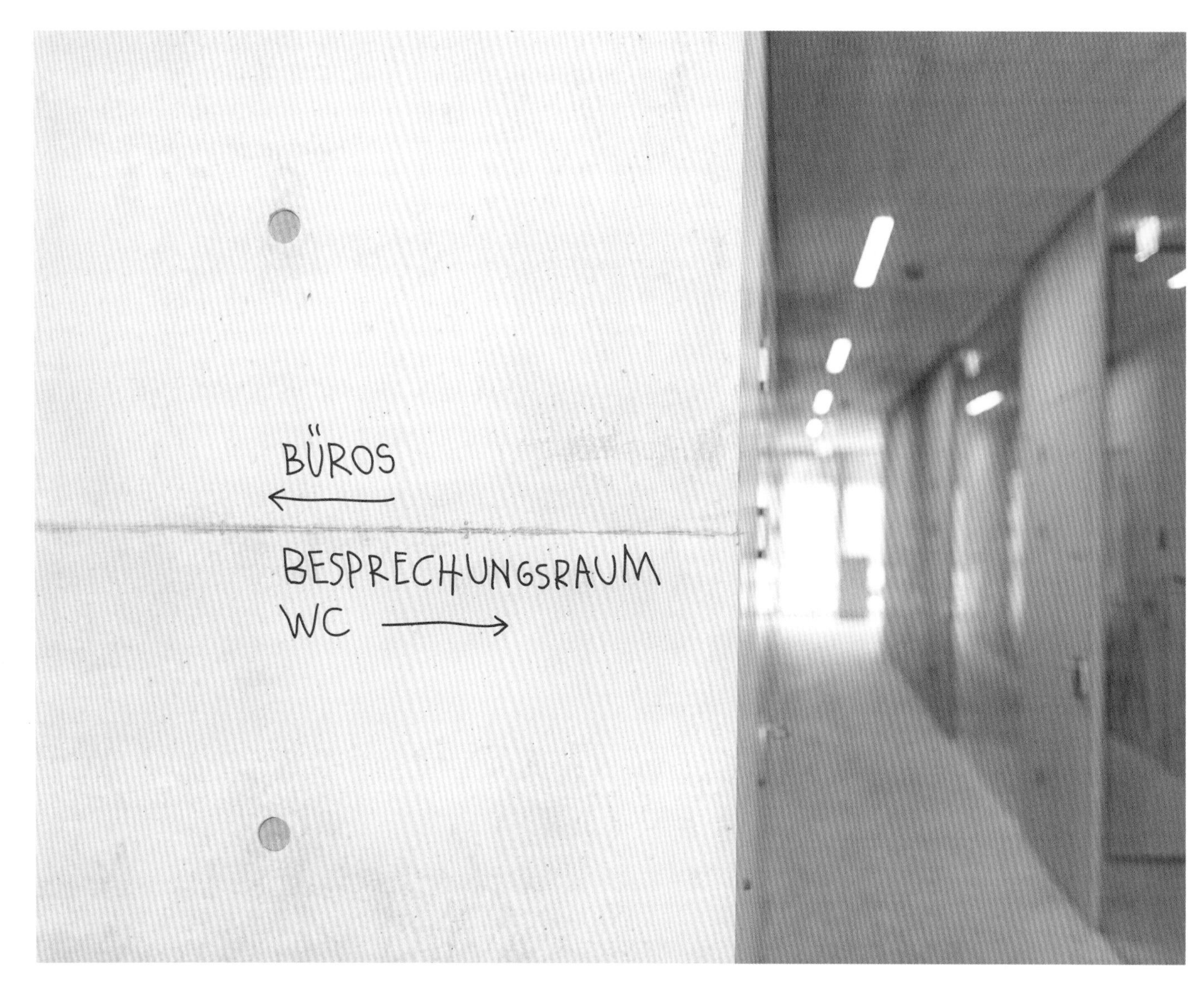
BÜROS
BESPRECHUNGSRAUM
WC

AUFGANG

GRUPPEN

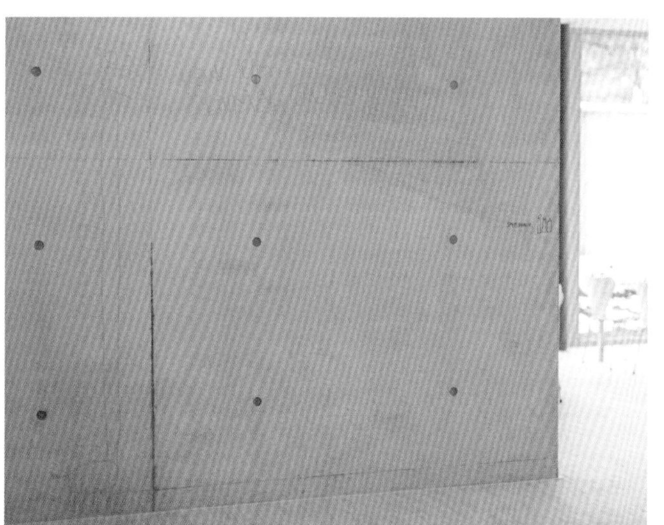

GRUPPEN
LIFT
SPEISERAUM
BEWEGUNGSRAUM
WC

AUS
FAH
ЯT

AR
HAZD

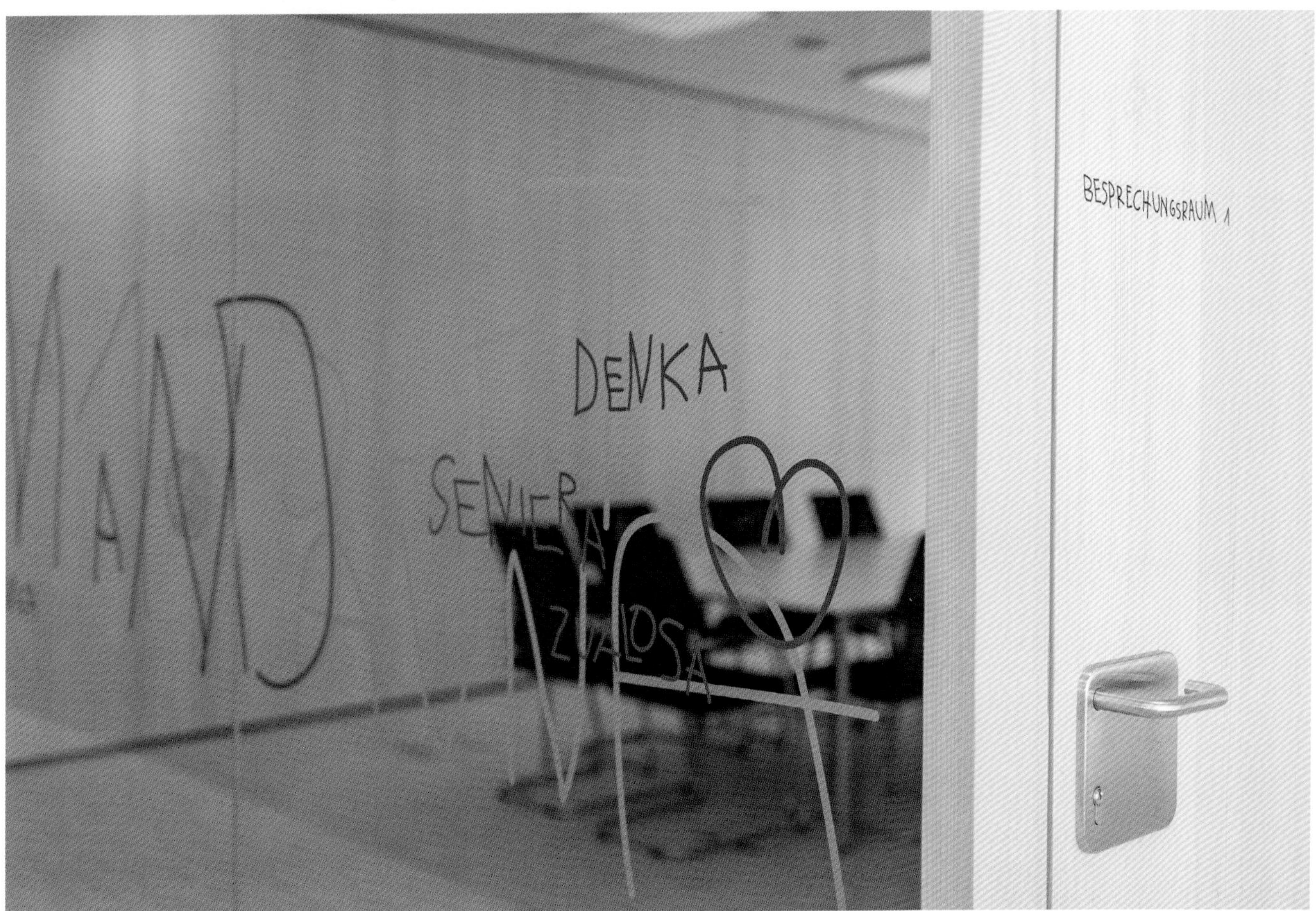
DENKA
BESPRECHUNGSRAUM 1

ART4KiDS 艺术学校

项目地点：乌克兰，基辅

完成时间：2017

设计：伊戈尔·科洛米（Igor Kolomiiets）

摄影：斯坦尼斯拉夫·卡尔塔晓夫（Stanislav Cartashov），亚历山德拉·帕斯卡尔（Alexandra Paskal）

ART4KiDS 艺术学校位于乌克兰基辅。在这里，孩子们可以用铅笔、蜡笔及油彩等材料作画，学习各种绘画技巧，在不同国家的虚拟画廊里徜徉，甚至还可以接触到艺术史。

品牌标识的彩色背景是由孩子们的涂鸦和颜料飞溅的效果组成的。设计师从资料库中随机选取孩子们潦草的涂鸦，完成上色、旋转、缩放等步骤之后，将其随意放在背景板上，以此绘制出 400 幅涂鸦作品。设计师认为这样做永远不会得出两个相同的图案，也就是说，在这个项目中，同一个涂鸦背景不会出现两次。

品牌标识的设计展现了 ART4KiDS 对儿童创造力的关注：字母“iD”看起来很像是一张笑脸。这是一个特别的“彩蛋”，使标识看起来轻松、有趣。同时，整个标识通过变换字母的角度，呈现出一种丰富又随性的感觉。

New
Monet
Timur, 12 years
ART4
KIDS
facebook.com/art4kidskyiv
instagram.com/art4kids_kyiv
Провулок Алли Горської, 5
+38 067 469 4985
BigBoard
044 585-99-88

ART4
KIDS

ART4
KIDS

Арт-студії Art4Kids
Цей диплом засвідчує, що
успішно прослухала(в) курс лекцій
«Мистецтво з пелюшок» і тепер з першого погляду
відрізнить Анрі Руссо від Марка Шагала.
facebook.com/art4kidskyiv
instagram.com/art4kids_kyiv
Провулок Алли Горської, 5
+38 067 469 4985
ART4KIDS

ART4 KIDS
Подарунок для тебе!
Заняття в студії
Art4Kids
Розклад занять
Імпресіонізм
та ще 10 «...ізмів»
в історії мистецтва
1
бал
1
бал

Імпресіонізм
Мистецтво з пелюшок
Меню
mini cafe
Espresso-20
Lungo-25

10
З цим абонементом можна відвідати 10 занять в дитячій студії мистецтв Art4Kids. Термін дії — один місяць з дати продажу.
facebook.com/art4kidskyiv
Провулок Алли Горської, 5
+38 067 469 4985

Диплом
Диплом
Диплом
Арт-студії Art4Kids
Цей диплом засвідчує, що

Cool Kids 发展学校

项目地点：墨西哥，墨西哥城

完成时间：2015

设计：Sentido 建筑事务所

摄影：Sentido 建筑事务所

Cool Kids 发展学校占地 157 平方米，位于墨西哥城的一个购物中心内。校长对创新的教学方法怀有极大的热情，希望能够打造一个可以激发孩子们创造力的空间。

设计团队摒弃了传统视觉语言中常见的具象元素，面对出现在不同故事中的形象进行了抽象性的探索和尝试：墙上的蓝点可以变成小鸟、雨滴或气泡；曲线看起来像是波浪、横跨河面的桥梁或是随风飘动的布条……

开放式平面布局由下面几个部分组成：教室、开放活动区、员工办公室、医务室、营养师和心理医生办公室、等候区和卫生间。这些空间分布在两层楼内，与中央区域一个 5 米高的通高空间相连。

Cool Kids 发展学校对教室的传统定义提出了异议：教室被设计成小房子，每栋小房子的面积都是 18 平方米，设计师想让孩子们在此获得灵感以及令人愉快的学习体验。这些小房子是用金属框架、木板墙和透明的亚克力隔板打造的，孩子们可以透过亚克力隔板看到悬挂在外面天花板上的有趣布条；室内铺设了地毯，孩子们可以光着脚在上面踩。

OOL
DS
elopment

PB
COOL
K DS
Development

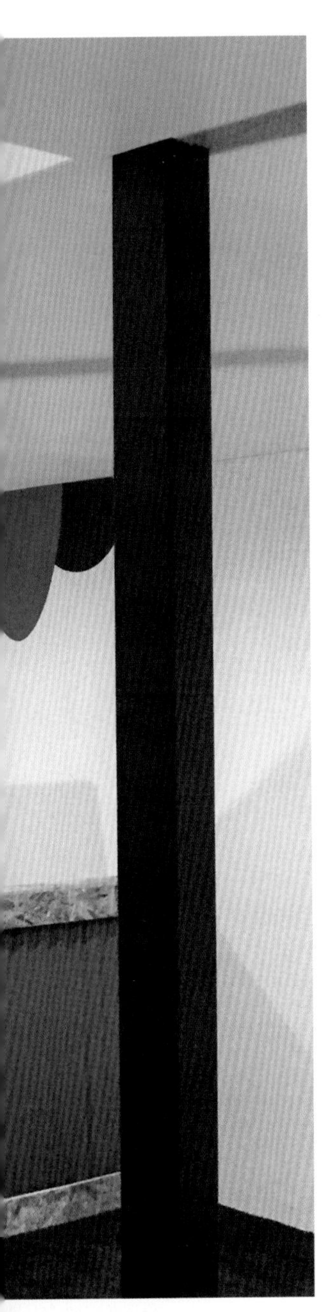

heloísa negri 芭蕾学校

项目地点：巴西，马林加

完成时间：2019

设计：里卡多·桑切斯·德奥利韦拉（Ricardo Sanches de Oliveira），DZ9 DESIGN

摄影：里卡多·桑切斯·德奥利韦拉，玛丽亚·奥利维拉（Maíra Oliveira）

对于一个公司来说，品牌重塑可能会带来飞跃性的发展。在设计师看来，品牌设计的作用是将品牌理念和价值具体化，并建立起品牌与公众的联系。

这所学校开创了芭蕾舞教学方法领域的先河。设计师对这个品牌进行了重新定位，将经典元素与现代元素相结合，创建了一个精致、醒目的标识：主体形似学校名称的首字母“H”，其灵感来自芭蕾舞的标志性动作之一——阿拉贝斯，其姿势和曲线赋予了该动作轻巧的美感。

设计师精心选择了多种色调来完善品牌的视觉语言，以塑造醒目的品牌形象。每个细节都是经过精心设计的，例如，每个班级的孩子的舞蹈服颜色是不同的。

设计师和委托方希望可以通过简单的视觉元素传达芭蕾的优雅气息，使学校像一场精彩的芭蕾舞表演一样令人难忘。

heloisa negri
ballet pedagógico

heloisa
negri
ballet pedagógico
BALLET
CLÁSSICO
PEDAGÓGICO

heloisa negri
ballet pedagógico

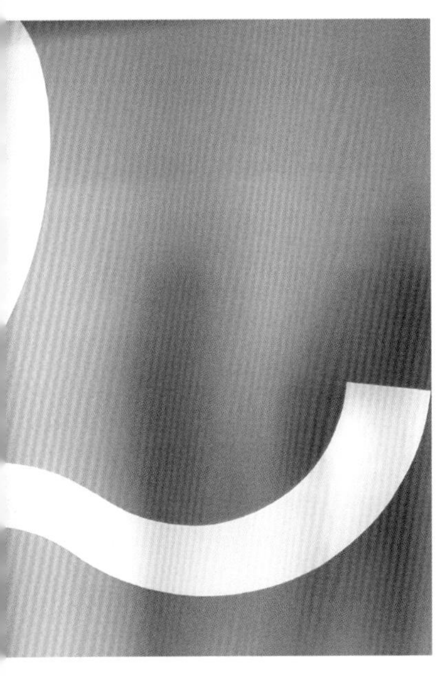

hn
ballet
pedagógico
44 3305 4918
Av. das torres, 4782
Jd. Monte rei - Sala 02
Maringá, PR
www.heloisanegri.com.br

heloisa
negri
ballet pedagógico

heloisa negri
hn

hn

hn

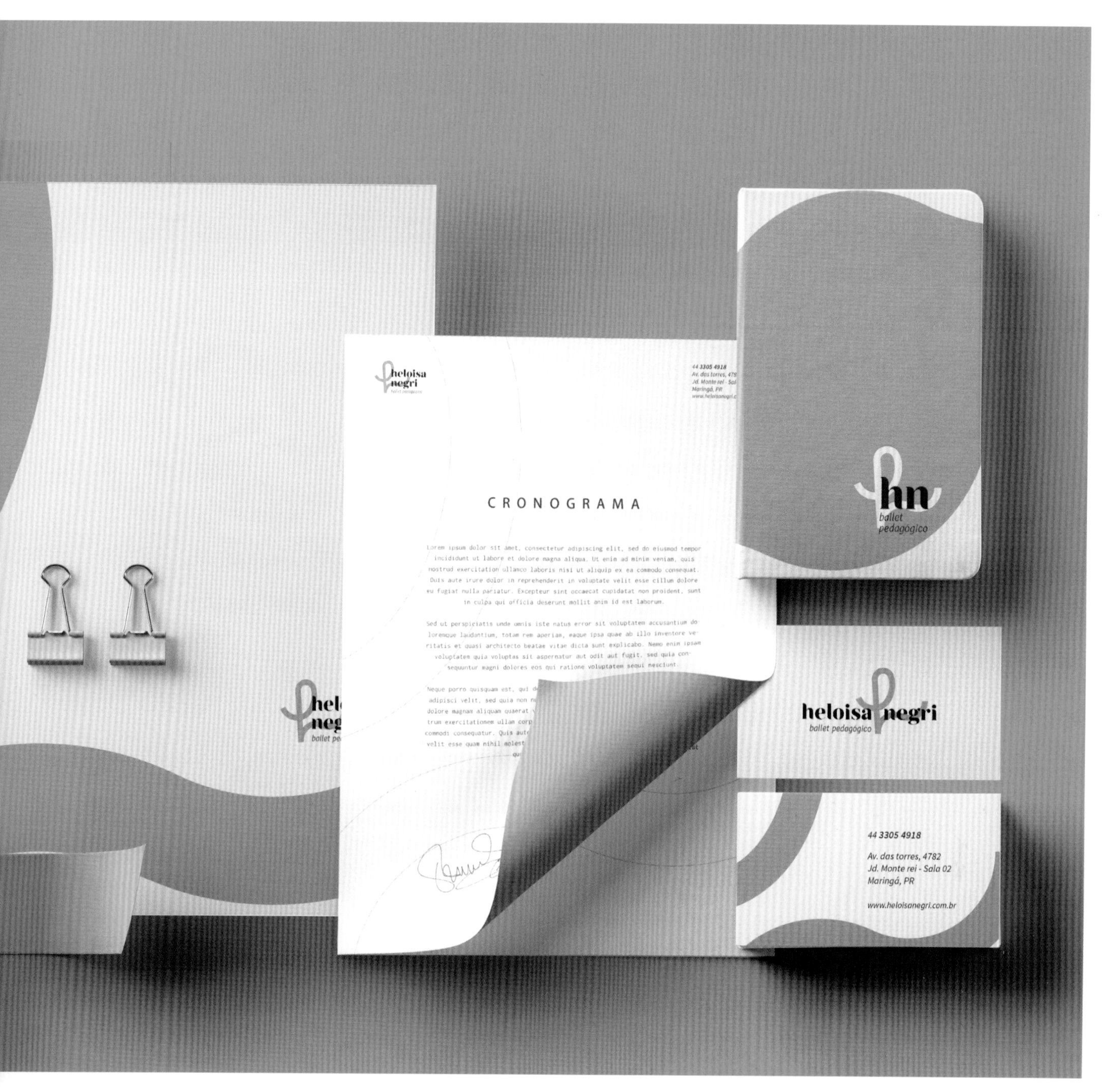
heloisa negri
CRONOGRAMA
hn
ballet pedagógico
heloisa negri
ballet pedagógico
44 3305 4918
Av. das torres, 4782
Jd. Monte rei - Sala 02
Maringá, PR
www.heloisanegri.com.br

hn

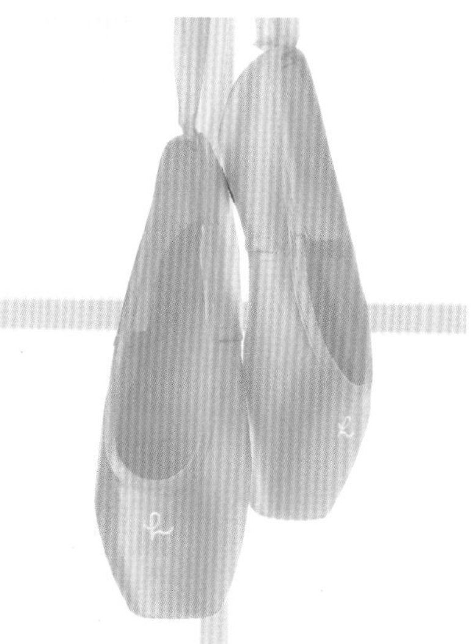

hn
ballet
pedagógico

NUBEL 诺贝抱抱儿童学习空间

项目地点：中国，深圳

完成时间：2015

设计：1983ASIA，陆慎一创意工作室

摄影：1983ASIA

这是一个通过体验式的教学理念激发儿童兴趣，引领父母与儿童共同成长的学习空间。该品牌坚信“没有任何一个拥抱该被忘记，因为每个拥抱都蕴含着动人的深意”，于是，设计团队采用树袋熊作为基础造型，并以“拥抱”为概念，创造了一个活泼可爱的品牌吉祥物。以这个可爱形象为主元素而设计的视觉形象被运用在室内空间以及各种周边产品上，如文具、餐具、服装等。空间整体以明黄色为主色调，烘托出活泼而温暖的氛围。同时，设计团队将温馨的图形灵活地运用到品牌的不同维度中，以突出品牌想要传递的核心理念——亲子互动，并以此全面提升品牌想要传递的幸福感。

nubel

nubel
諾貝抱抱
nubel
諾貝抱抱

nubei

游戏区
办公区
OFFICE AREA
美术区
ART AREA
音乐区
烹饪区
卫生间
TOILET

nubel
nubel

nubel

nubel
諾貝抱抱

nubei
nubei

nubei

nubei
nubei
nubei
nubei
nubei

nubei

nubei
游戏区
办公区
OFFICE AREA
美术区
ART AREA
音乐区
MUSIC AREA
烹饪区
COOKING AREA
卫生间
TOILET

圣安妮学院

项目地点：加拿大，多瓦尔

完成时间：2015

设计：Taktik 设计公司

摄影：马克西姆·布鲁耶（Maxime Brouillet）

Taktik 设计公司完成了该项目的室内布局、家具设计以及视觉形象设计。委托方希望设计团队打造一个可以满足最新教学标准的高效环境，同时兼具趣味性，让孩子们愿意在这里学习。最终呈现的空间更像是一张供孩子们发挥创造力的空白画布，而不是对他们的想象力进行解读。

设计团队将空间打开，并在不同功能区域之间创建清晰的关联，同时将更多的光线引入中央区域。他们将两个主题房间合并，一个作为温室，另一个作为剧场——为教师的工作和整体教学计划提供支持。整个项目使用了 700 多张胶合板，这种材料经济实惠、结实耐用，又易于清洁。全部家具都是由 Taktik 打造的，教室和衣帽间内的储物单元也都是专门定制的。

Taktik 还开发了特别的标识系统以展示品牌形象，提升学生的归属感。他们为每个年级选择了一种代表色，孩子们一走进走廊便能轻松地找到自己所在的班级。教室使用的是单色主题，避免了视觉上的过度刺激。标识被应用于学院各处，力求在保持品牌一致性的同时，强化空间的视觉形象。

BUREAUX ADMINISTRATIFS
ADMINISTRATIVE OFFICES

THÉÂTRE

INFIRMERIE
INFIRMARY

BRICK LAND

GYMNASE
GYMNASIUM

SALLE D'ARTS CRÉATIFS
ART ROOM

VESTIAIRE
LOCKER ROOM

SALLE DE MUSIQUE
MUSIC ROOM

LABORATOIRE DE SCIENCE
SCIENCE LAB

BIBLIOTHÈQUE
LIBRARY

INFORMATIQUE
IT AREA

CAFÉTÉRIA JAUNE
YELLOW CAFETERIA

SALLE VERTE

SALLE DE JEUX
GAMES ROOM

CAFÉTÉRIA BLEUE
BLUE CAFETERIA

ACADÉMIE - ACADEMY
SAINTE-ANNE
ALIMENTATION
SANTÉ

DIRECTION

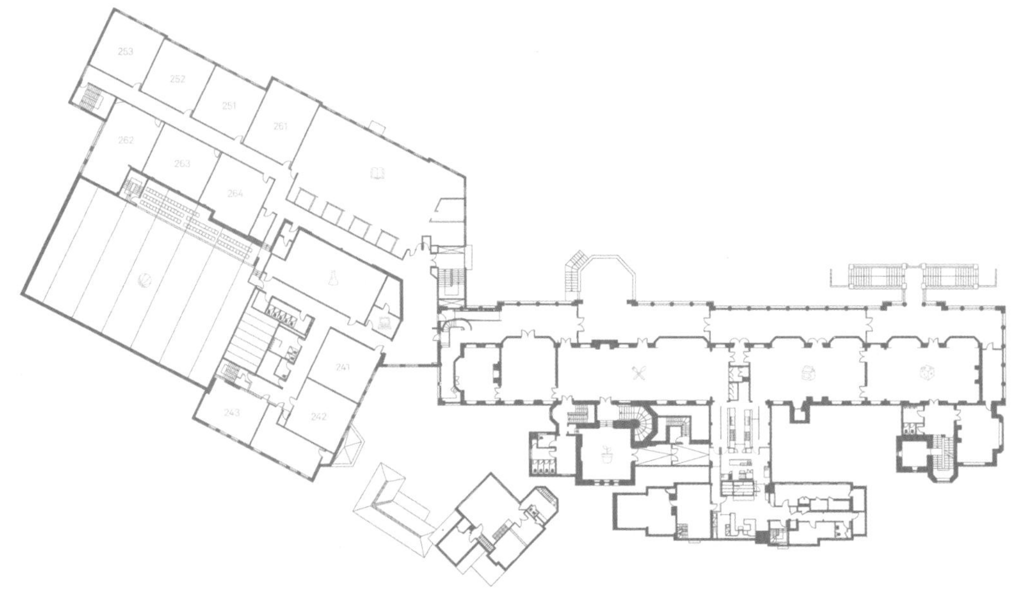
253
252
251
261
262
263
264
241
243
242

PLOUF
POW
BLOP

THEATRE

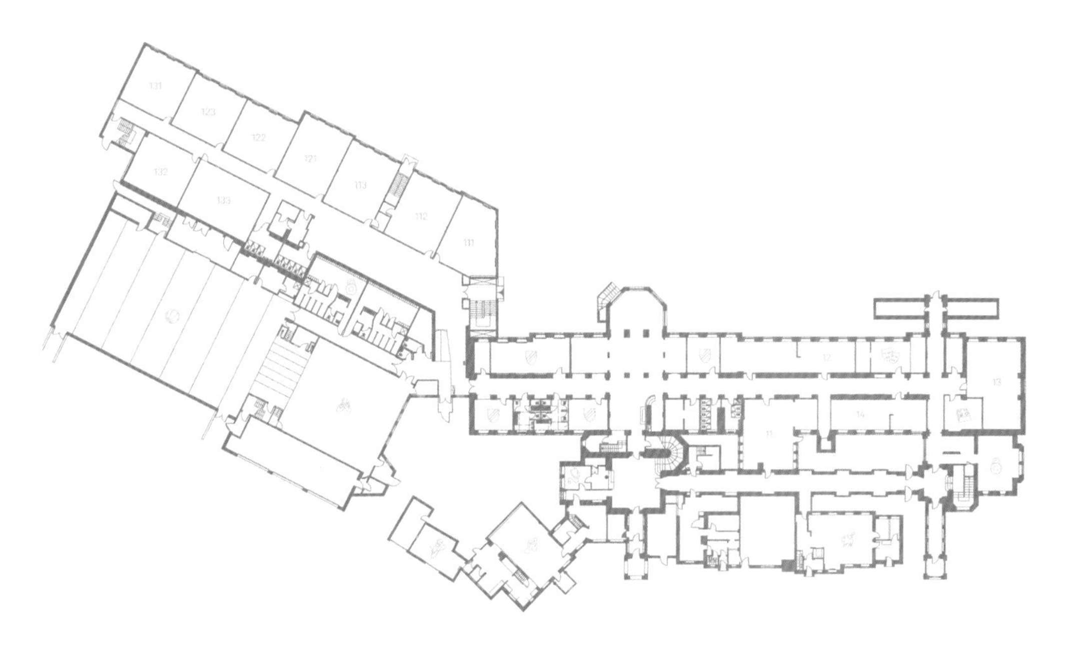

MIAM!
YUM!

112
111

264

DIRECTION
PRINCIPAL'S OFFICE
SECRÉTARIAT
SERVICES PÉDAGOGIQUES
EDUCATIONAL SERVICES
1ER, 2E ET 3E CYCLES
1ST, 2ND AND 3RD CYCLE
GYMNASE
GYMNASIUM
STUDIO DE DANSE
DANCE STUDIO
BIBLIOTHÈQUE
LIBRARY

Tiny Humans 学习中心

项目地点：墨西哥，梅里达

完成时间：2017

设计：Puro Diseño 设计工作室

摄影：保拉·博伊恩斯（Paola Boyance）

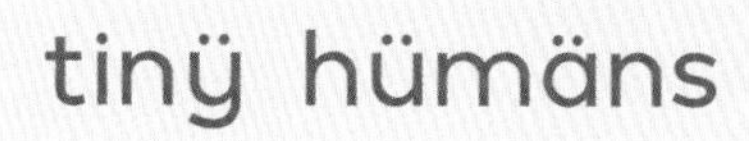

当代社会提倡改变教育方式，以培养幼儿的思想和品格。Tiny Humans 的创立正是源于当今社会对家庭和学校树立全新教育观念的要求。该品牌的广告语传达了其核心理念：这里不仅是一个学习场所，还是孩子生命中的一个阶段。

这家学习中心是建筑设计和室内设计团队合作打造的一个空间，视觉标识也是室内设计的一部分。外立面、教室里，甚至是这里组织的活动中都会用到这个标识。背景图案展示了儿童书写的笔迹，以及一个手部的造型。视觉标识的简洁性体现在所用的字体上：设计师选取英文名字"Tiny Humans"这两个单词的首字母作为主体，并用符号进行装饰，使它看上去好像有了一双"眼睛"，看起来充满趣味性。

设计团队选用了柔和的色调，希望营造一个能够让孩子们感到安全，自由地成长和学习的环境。在这里，每个孩子都被视为有能力的人。

tinÿ hümäns

Alexa Garcia

#HaPPY Hood

T. 9 44 31 17
C. 9999 68 16 11
M. contacto@tinyhumans.mx
www.tinyhumans.mx

tinÿ hümäns
#Happy Hood

tïh

tinÿ hümäns
¡Felicidades!
al alumno
Santiago
Por completar el curso 2017-2018 en tinÿ hümäns.
1 Septiembre '17
Fecha
Firma

My 1st
tinÿ
hümäns
year

"Children do better when they feel better"

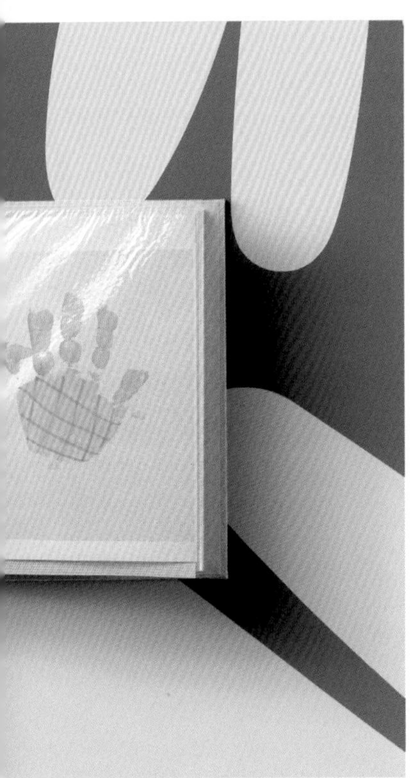

Volksschule Edlach 学校

项目地点：奥地利，多恩比恩

完成时间：2016

设计：Sägenvier 设计交流公司

摄影：达科 · 托多洛维奇（Darko Todorovic）

在 Volksschule Edlach 学校，传统课堂变成了尝试不同教学形式的营地。学校的多功能教室为实践新的教学理念提供了机会，这些理念体现了学校对跨学科学习的关注。

具有象征意义的"旗帜系统"有助于老师和学生快速识别空间方位。特殊的班级旗帜将孩子们置于学校这个社会结构中，整个学校如同一个"城市部落"。同时，这个系统还在学校内建立起活跃的朋友圈，甚至带来了一种全新的仪式感——班级旗帜可以被礼节性地交给前来交流的学生，或是在学校举办的各种活动中使用。古老而尊贵的旗帜上的"纹章"为旗帜系统中的动物插画提供了灵感，从而增强了学生的凝聚力。

标识系统所使用的字体新颖、柔和，同时又充满趣味性。设计团队并没有将标识直接设置在门上（由于教学原因，门通常是打开的，如果设置在门上，标识就会被遮住），而是设置在一些玻璃上，并且会根据空间的布置进行调整。在有些区域，标识被设置在有机玻璃隔板上，使它们看上去像是飘浮的。如果有需要，也可以随时更换这些标识。

设计团队从字体的特有风格出发，开发出一些元素，并将它们摆放在动物纹章周围进行说明。这些图案和标语让学校变成了一个充满欢乐的奇妙世界。

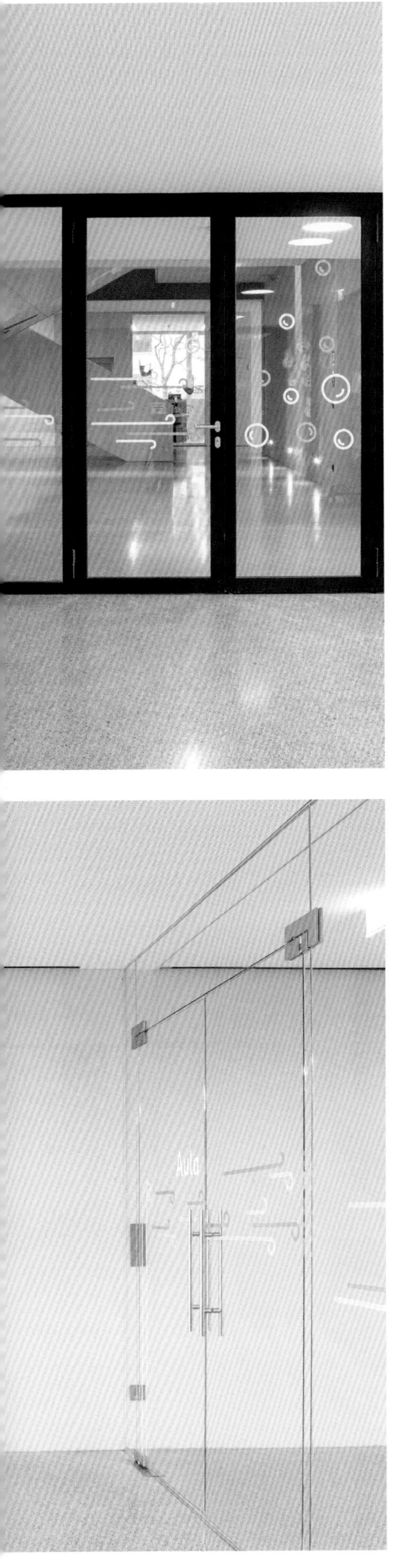

↑ Cluster 1+2+3
Vorschulklasse
Garderobe
WC Buben

Cluster 4+5

← Direktion
Idee-Café
Aufzug

→ Ausgang
Aula
Sporthalle

↑ WC barrierefrei

2B

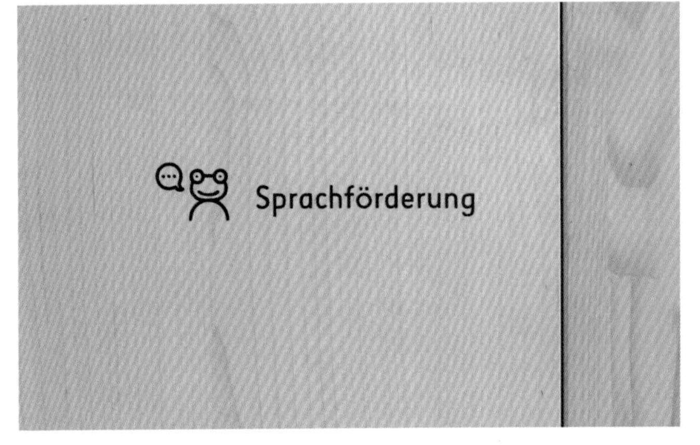
Sprachförderung

Entertainment & Leisure

休闲娱乐

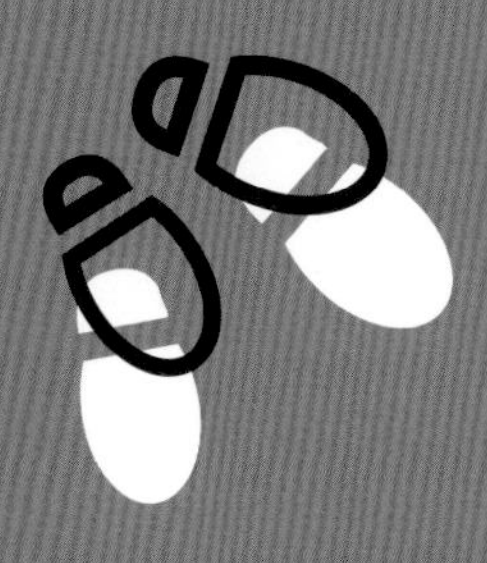

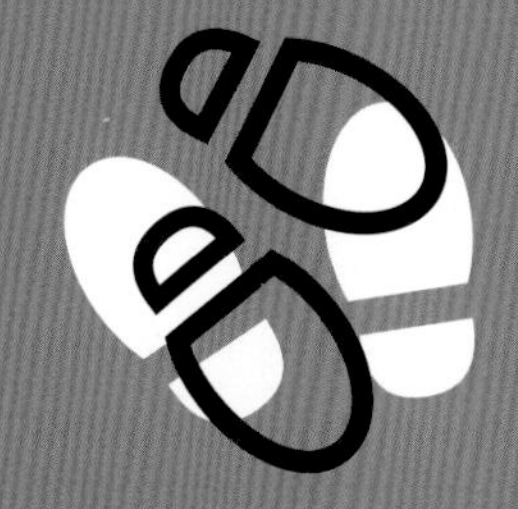

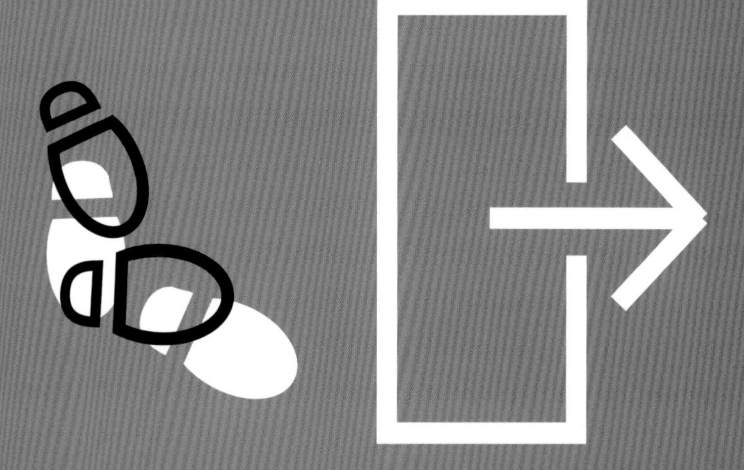

Ancymondo 游乐园

项目地点：波兰，罗兹

完成时间：2019

设计：Politanski 品牌设计

摄影：塞巴斯蒂安 · 格拉平斯基（SebasBan Glapinski）

Ancymondo 游乐园是设计团队为 Stacja Nowa Gdynia 商务度假酒店打造的一个多彩的世界——位于市郊的一个供儿童玩耍的空间。

“Ancymondo”这个名字意为“淘气鬼的领地”。大大小小的“淘气鬼”在这里横行霸道，它们以各种奇特的形状和生动的色彩出现在孩子们的视线中。

在设计品牌标识时，设计团队专注于打造一个吸引各年龄段的不同人群，并适用于媒体宣传的视觉概念。最终呈现出的标识色彩搭配极富特色，非常醒目，使游乐园的广告瞬间就能引起人们的注意，并从周边环境中凸显出来。

在设计宣传物料和各种小配件时，设计团队关注到了每处细节的实施，以保持它们的实用性和对消费者的吸引力。同时，视觉标识的应用被扩展到网站和社交媒体，附近地区的居民甚至将 Ancymondo 游乐园视为“城市地图上的新发现”。

ancy
figle
Już niebawem
w nowej figlostrefie!
ancymondo
STACJA NOWA GDYNIA
ancymondo.pl
ams

ancymondo
FIGLOSTREFA

← droga
do dobrej
zabawy
ancymondo

→ tam czeka
na Ciebie
figli moc
ancymondo

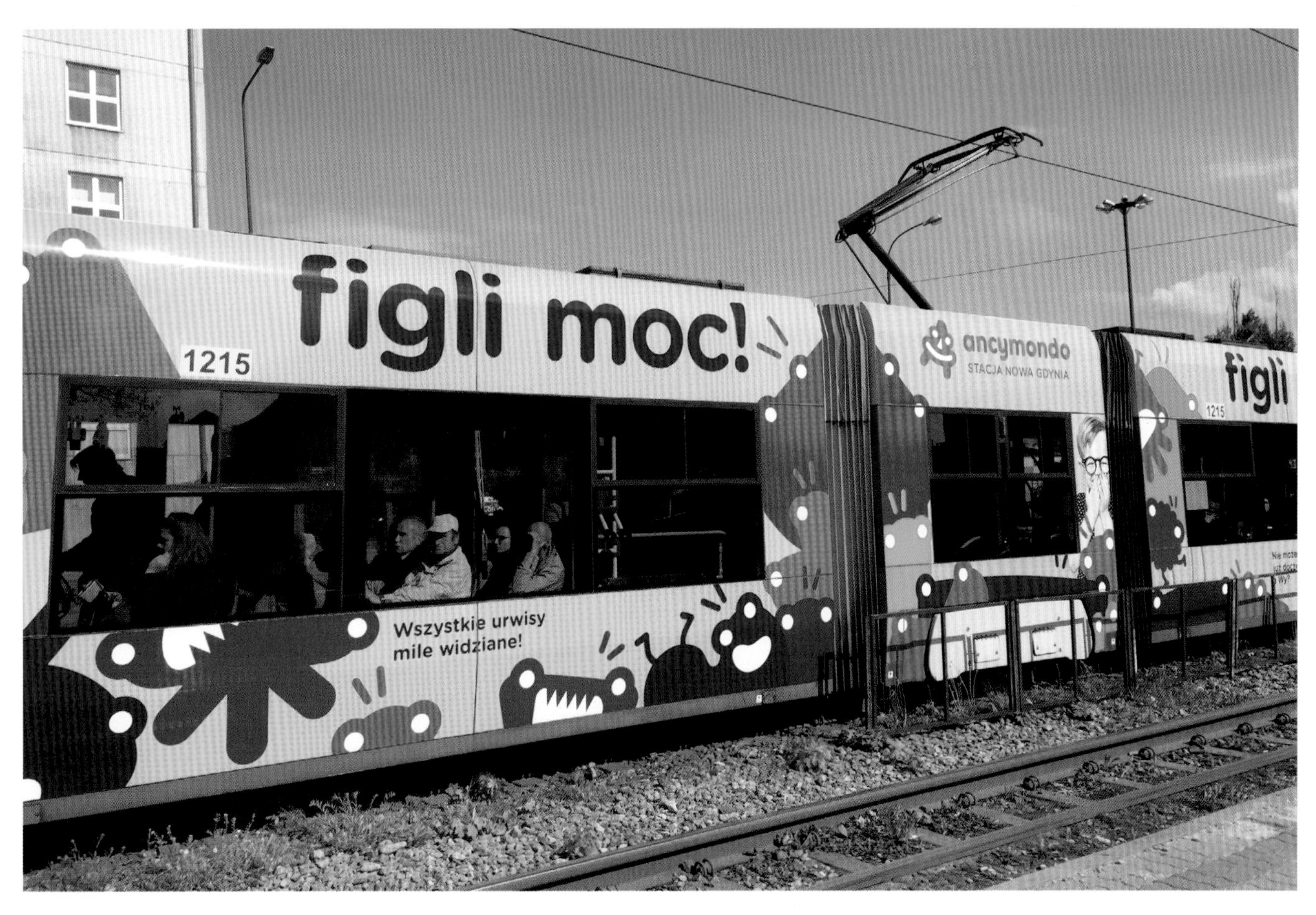
figli moc!
1215
ancymondo
STACJA NOWA GDYNIA
figli
Wszystkie urwisy
mile widziane!

Hej!
Serwus!
ancymondo

figli
moc!
ancymondo.pl
ancymondo
STACJA NOWA GDYNIA
figli moc!

ancymondo
ancy
cennik
figli

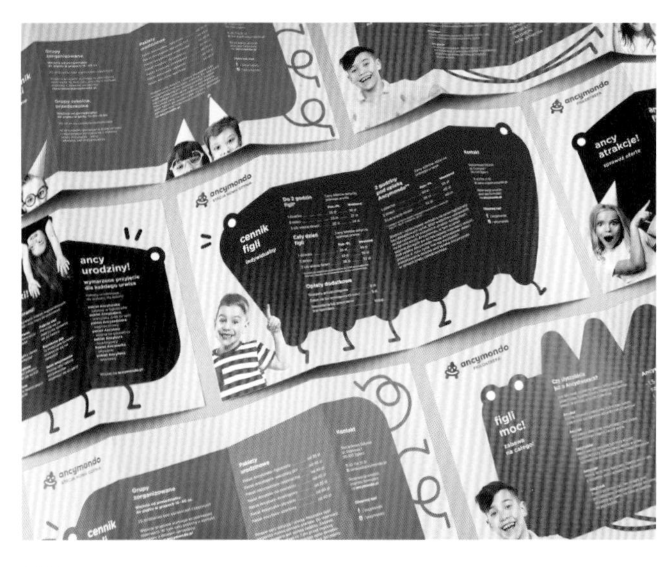
ancy
urodziny!
cennik
figli
ancy
atrakcje!
figli
moc!

Ancyjubilat

ancymondo
KARTA CZŁONKOWSKA

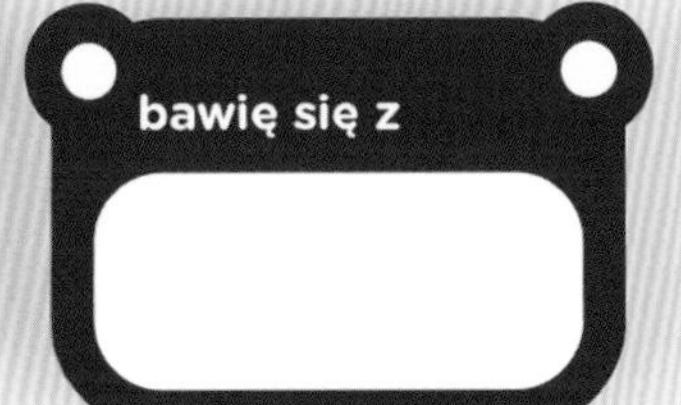
bawię się z

ancymondo

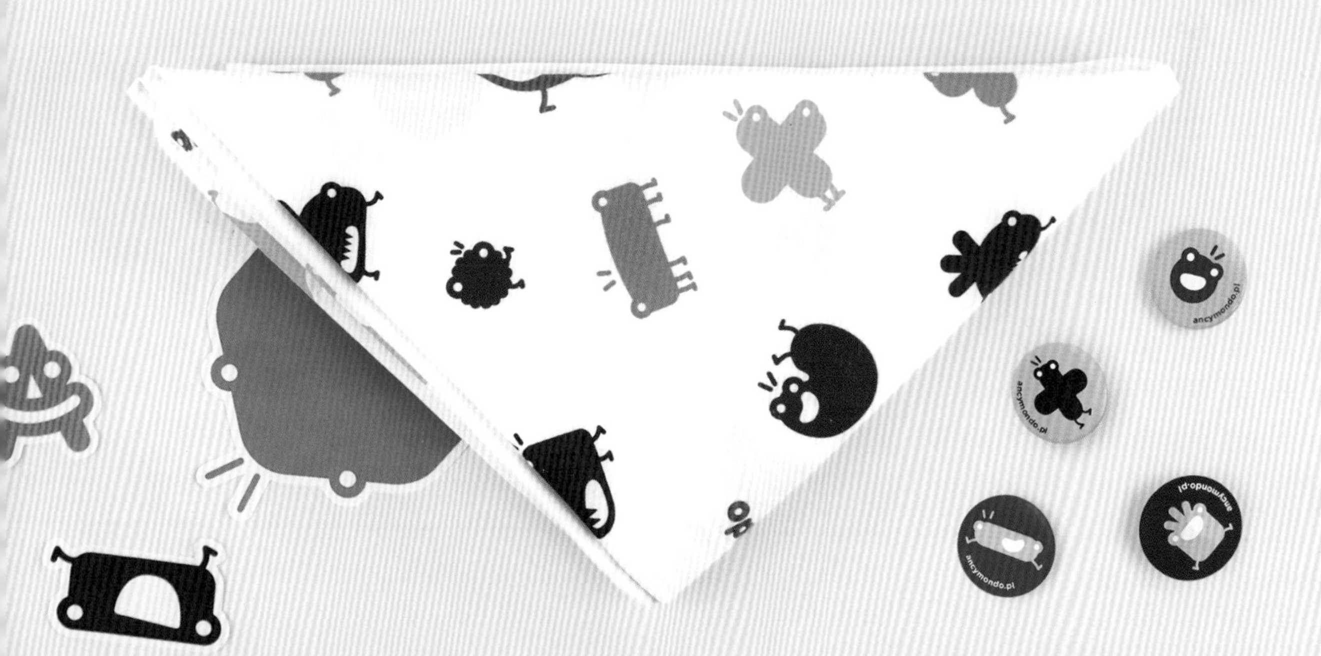
ancymondo.pl
ancymondo.pl
ancymondo.pl
ancymondo.pl

ancymondo
STACJA NOWA GDYNIA
wspinaj się
z ancystworami!
Odwiedź nasze
ścianki wspinaczkowe
i harcuj cały dzień!
urodziny
wymarzone
przyjęcie dla
każdego urwisa
ancyfigle
wspólna zabawa na
całego
ancyścianki
wszyscy mali
alpiniści są mile
widziani

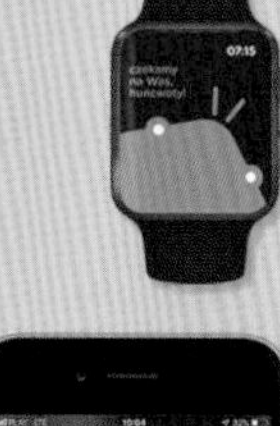

w figlostrefie!
więcej
wspinaczka
w ancymondo!
więcej

sałaty i sałatki!
koktaile i lody

Zaproszenie Ancymol
pobierz
Zaproszenie
na imprezę!

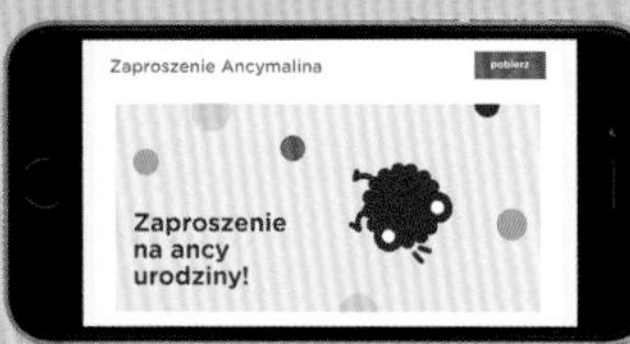

Zaproszenie Ancymalina
pobierz
Zaproszenie
na ancy
urodziny!

urodziny
w figlostrefie!
więcej

figli czas!

salki urodzinowe
Ancystwory zapraszają na salony!
urodziny
w figlostrefie!
Sala ancyluzaka
Sala ancyzadziora
wspinaczka
w ancymondo!

sto lat,
sto lat!
ancymondo
animator
ancyfigli

ancymondo
FIGLOSTREFA
ancymondo.pl
ancymondo.pl
ancymondo.pl

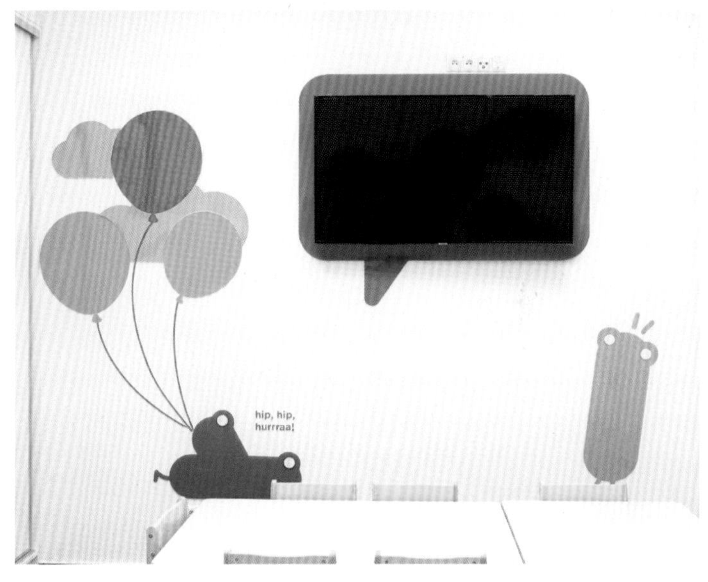
hip, hip,
hurrraa!

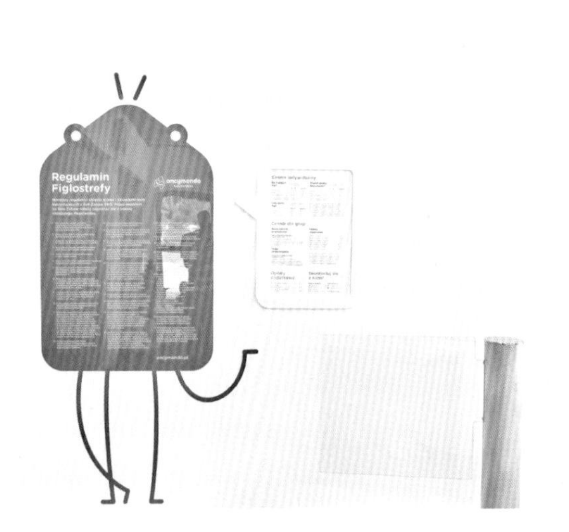
Regulamin
Figlostrefy
ancymondo

Blue Marlin 运动俱乐部

项目地点：日本，长野

完成时间：2019

设计：竹本新设计事务所（Arata Takemoto Design）

摄影：见学朝起（Tomooki Kengaku）

设计团队接受委托为Blue Marlin运动俱乐部的儿童空间设计环境标识。这家运动俱乐部于2019年春天开业，以宽敞的中庭和无缝衔接的内部空间为特色。设计团队充分利用建筑特点，并借助环境标识鼓励来访者在此互动。

穿过门厅，来访者会看到一个标志性的楼梯，彩色的字母随意地“散落”在墙上。这个空间的设计理念是攀岩运动——如同攀岩时一样，在这里，来访者的眼睛需要从下往上跟着相同颜色的字母拼出词汇，如“未来（future）”或“和平（peace）”。设计团队的目标是设计一些不显眼却微妙的东西：墙面上有一些运动的图案，这是为了鼓励那些从这里经过的人们锻炼身体，调动他们运动的积极性；地板上的线条可用于跳跃、奔跑，或是其他创造性游戏的辅助线；鞋架和储物柜上面的卡通动物头像充满了童趣。

儿童运动能力下降是一个全球性问题，这个空间存在的意义便是激发孩子们对运动的兴趣，鼓励他们锻炼身体。

260
240
220
200
180
160
140
120
100
80
60
40
20

消火栓

Brella 活动中心

项目地点：美国，洛杉矶

完成时间：2019

设计：Project M Plus 工作室

摄影：Project M Plus 工作室

该项目的设计目标是为儿童创造一个有趣的空间，同时让他们的父母可以在这里灵活办公，以此促进社区发展。

在室内陈设方面，设计团队将一些来自丹麦知名品牌的斯堪的纳维亚风格的家具，与来自美国现代品牌的经典定制家具完美地组合在一起。所有家具的线条都简洁而清晰，柔和的弧形边缘为孩子们提供了一个舒适、安全的环境。在色彩运用方面，他们有意识地引入了很多明亮的色彩，将柔和的颜色和有冲击力的颜色结合起来，以此带来良好的用户体验。空间内的色彩与家具所使用的木料共同营造出舒服、温馨、轻松的氛围。整个空间内没有过于花哨的装饰。为建立儿童与大自然之间的联系，设计团队委托艺术家阿米莉亚·吉勒（Amelia Giller）创作了一幅壁画，来表达 Brella 想要传达的理念，即这个世界对孩童的看护犹如阳光一样，在日常生活中都是不可或缺的。

最终，Project M Plus 工作室打造出了这个对儿童和成年人都非常有吸引力的沉浸式游戏和办公空间。

brella

On-demand child care centers where families thrive
A safe and welcoming environment
brella
Child care, covered
Playa Vista — Los Angeles
Fall 2019
Tell us about yourself and we'll put you on our list so you're the first to know when Brella opens its doors!
brella
Stay In The Loop.

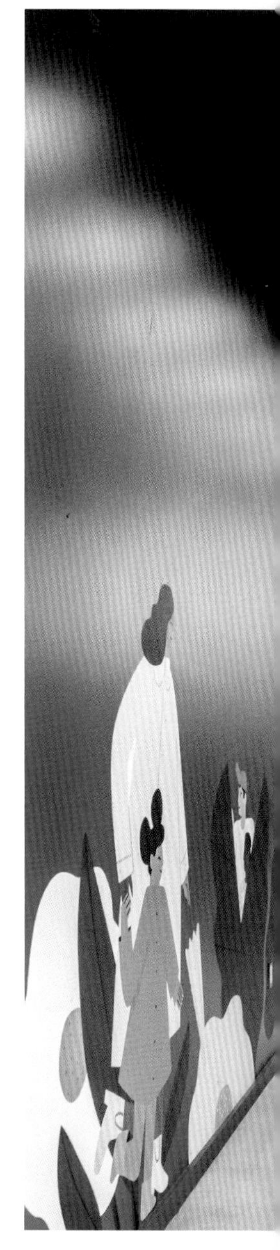

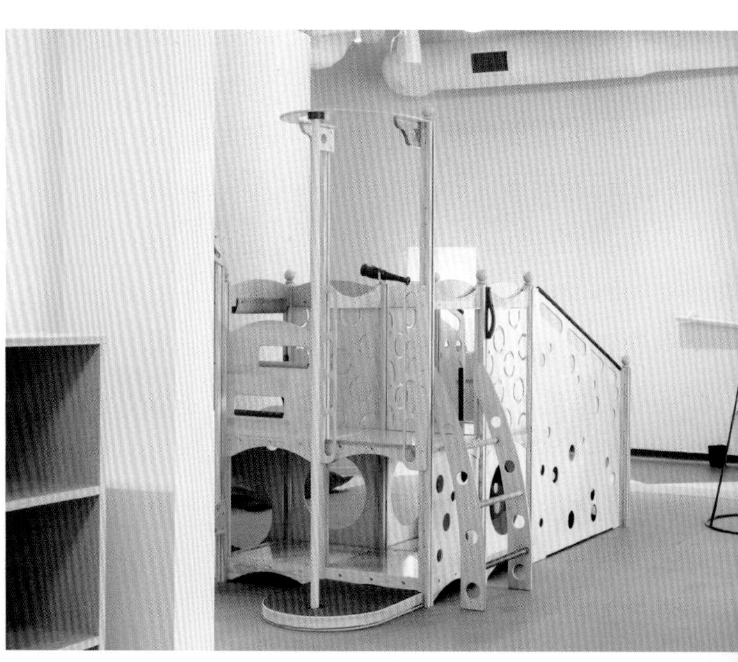

brella

EXIT

EXIT

A Visitor for Bear
SO MANY
FEET
ABC
Meditate with Me
PEEK
and
SEEK

Kidspace 儿童职业体验空间

项目地点：俄罗斯，喀山

完成时间：2019

设计：瑟琳娜·加伊沃朗斯卡娅（Zarina Gayvoronskaya），弗拉基米尔·特里诺斯（Vladimir Trinos）

摄影：弗拉基米尔·特里诺斯

该项目是一个为儿童打造的职业体验空间。设计团队为这个儿童空间设计了品牌标识，其设计理念遵循着 Kidspace 本身的品牌战略。

视觉形象设计以人物插画、城市景观等图案元素为基础。精心设计的标识和插画被用作外观装饰元素，并成为空间导视系统的一部分。同时，所有装饰元素也被设计成游戏的一部分，孩子们可以通过趣味互动游戏来探索各种职业，并在主题场景中了解这些职业。在这里，世界是按照孩子们的规则来创造的。这里的工作人员只需保证孩子们的安全，而不会强制孩子们遵守某项游戏规则。

Kidspace 希望展现其"友好、开放、无限的想象力和可能性"的品牌价值，因此设计师将品牌人物形象设定为一个梦想家、魔术师——一个单纯、开朗的孩子。品牌标识是一个盾形纹章：旗子在最顶端，象征着目标、信念和勇气；宇宙则围绕着牛顿的苹果旋转，象征着知识和孩子们在这里的新发现。这个标识可以应用到墙壁、孩子的通行证以及其他任何需要的地方。

每个孩子的个性和兴趣都不一样，不同场景内的不同职业为孩子提供了了解不同职业的机会。在这个儿童职业体验空间里，没有一处细节是多余的：钱、旅行证件、社会结构……一切都跟现实世界没什么区别。

Детского города КидСпейс
Удивительного путешествия!

Я ХОЧУ

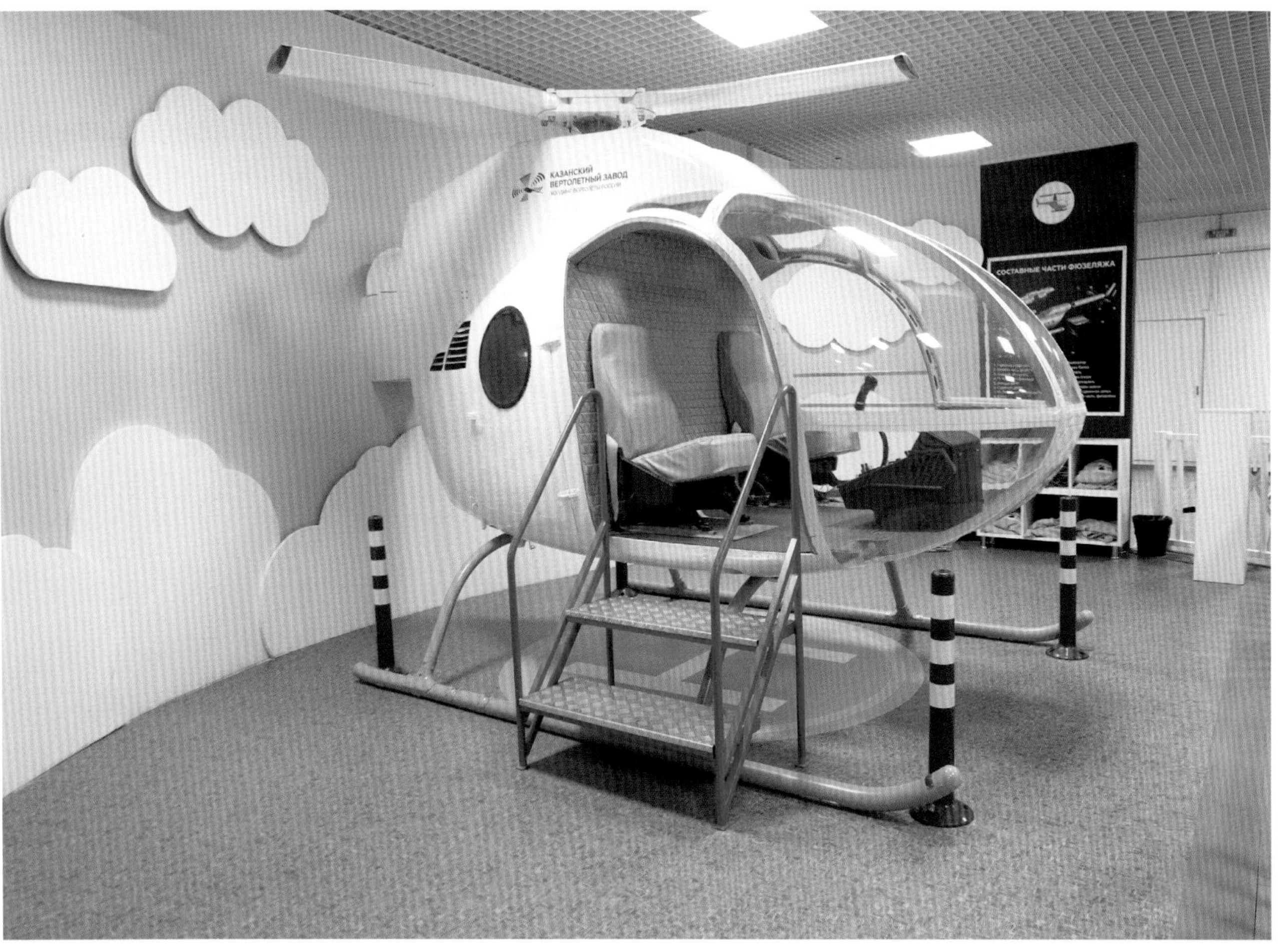
КАЗАНСКИЙ
ВЕРТОЛЕТНЫЙ ЗАВОД
СОСТАВНЫЕ ЧАСТИ ФЮЗЕЛЯЖА

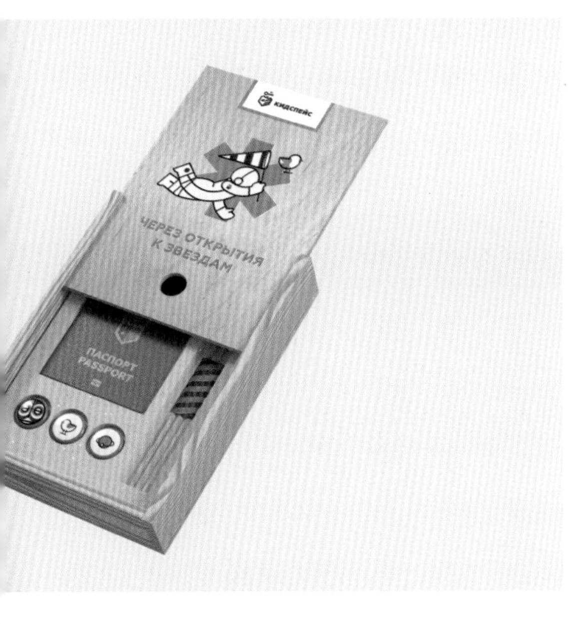
КИДСПЕЙС
ЧЕРЕЗ ОТКРЫТИЯ
К ЗВЕЗДАМ
ПАСПОРТ
PASSPORT

КИДСПЕЙС
8 ДЕКАБРЯ ОТКРЫТИЕ ПЕРВОГО В КАЗАНИ ДЕТСКОГО ГОРОДА ПРОФЕССИЙ
С днём рождения!
Будь смелым и сильным!

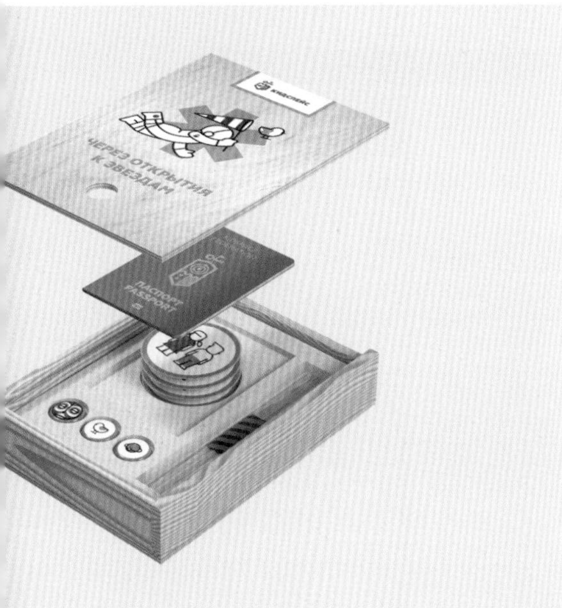
КИДСПЕЙС
ЧЕРЕЗ ОТКРЫТИЯ
К ЗВЕЗДАМ
ПАСПОРТ
PASSPORT

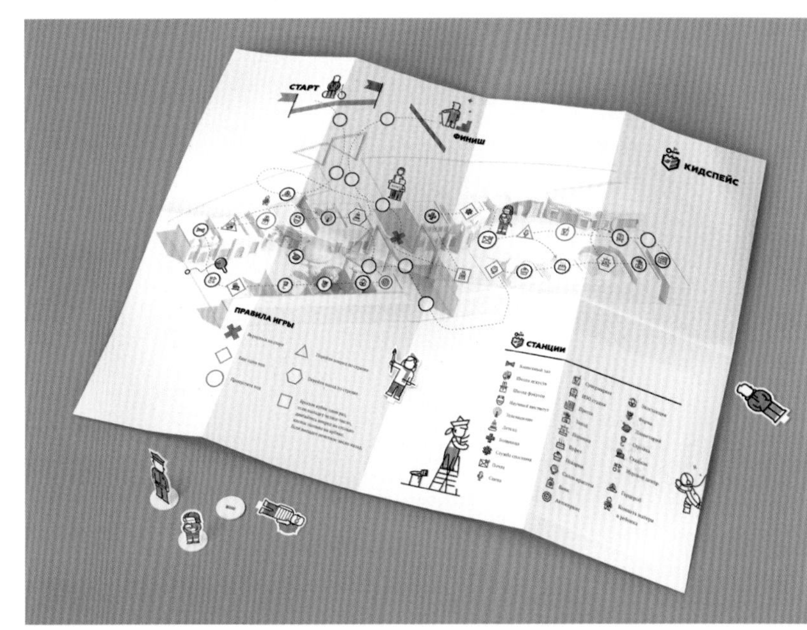
СТАРТ
ФИНИШ
КИДСПЕЙС
ПРАВИЛА ИГРЫ
СТАНЦИИ

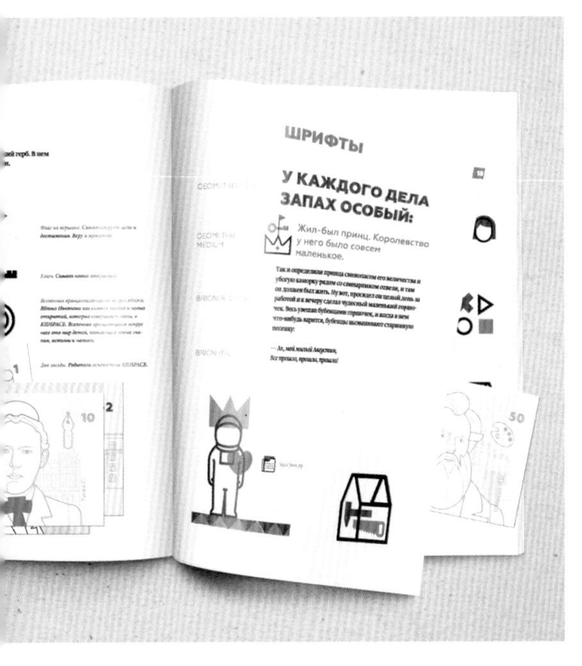
ШРИФТЫ
У КАЖДОГО ДЕЛА
ЗАПАХ ОСОБЫЙ:
Жил-был принц. Королевство у него было совсем маленькое.

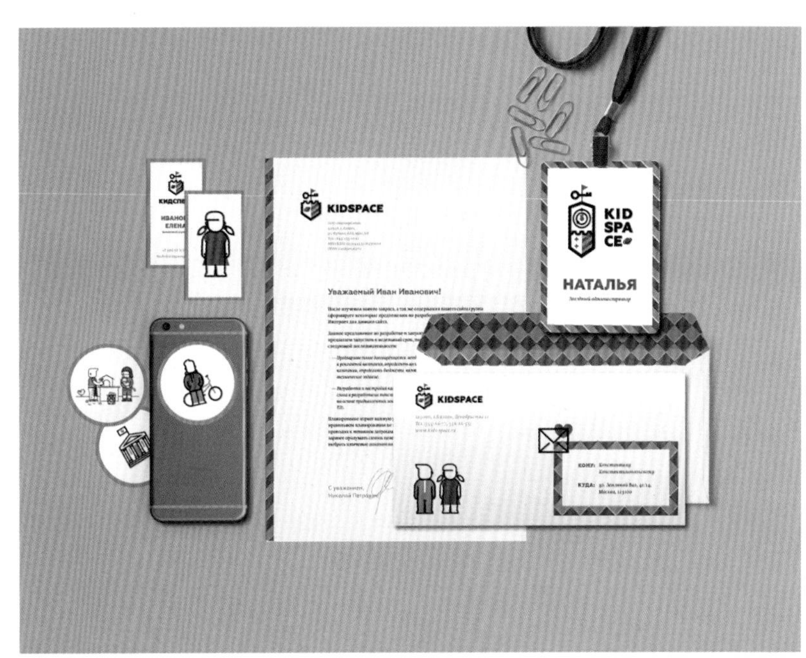
KIDSPACE
KID
SPA
CE
НАТАЛЬЯ
Уважаемый Иван Иванович!
KIDSPACE

KIDSPACE
KIDSPACE
KIDSPACE
KIDSPACE
KIDSPACE

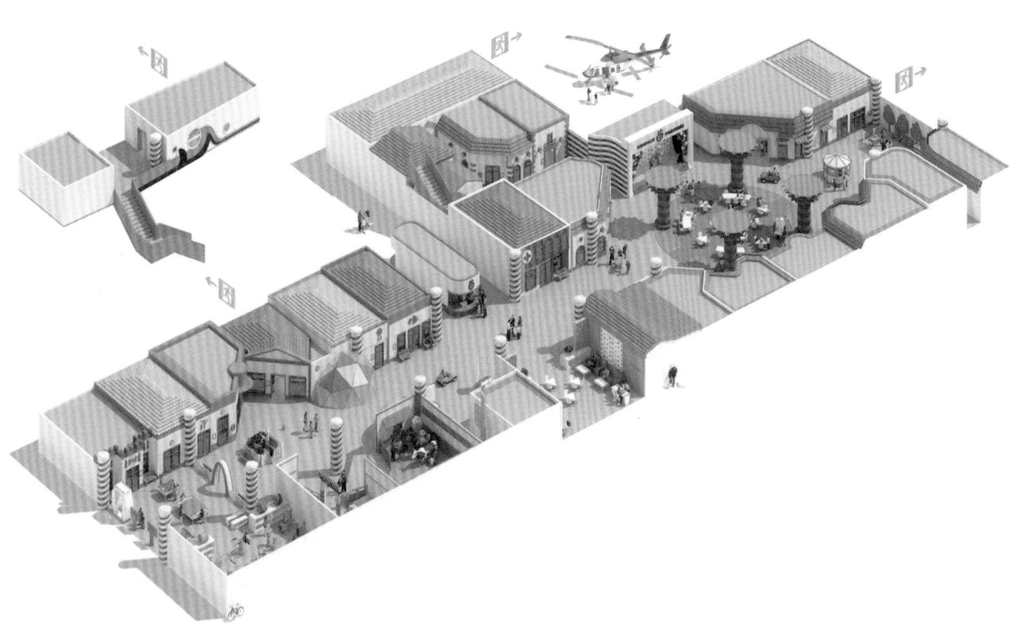

БУФЕТ

ГОСТЕВАЯ

MILK KIDS 儿童摄影

项目地点：中国，天津

完成时间：2019

设计：New & Mind 新买卖设计工作室

摄影：MILK KIDS 儿童摄影

设计师的目标是为亲子拍摄营造更欢乐、亲切的氛围。照片是时间的礼物，拍摄的内容也应该记录孩子纯真的样子和自然的成长状态，所以设计师关注的不是空间的背景和装饰感，而是希望摒弃复杂的装饰，让空间呈现出孩童般纯净的感觉——正如品牌名字中的“MILK KIDS”。“MILK”代表白色纯净的力量，也是孩子所需的最天然的营养来源，所以品牌的空间美学便是简洁与自然。为了迎合孩子们的喜好，设计团队决定把品牌 IP 化，设计出牛奶盒妈妈和奶瓶宝宝的亲子组合形象，作为品牌的主标识，同时，将品牌风格和调性定为简约、童真。

2019 年，该品牌的天津智慧山新店开业，设计师把“亲密”“好玩儿”的理念融入新空间的设计中。店内以白色和黄色作为主色调，设有大面积的咖啡区和游戏区，让孩子们在进入空间后第一时间就可以放松下来，尽快与摄影师熟悉起来，以便拍出更真实、自然的照片。

MILK KIDS
MILK KIDS

MILK KIDS
MILK KIDS
A BAO
阿宝
MANAGER
STAY REAL
MILK KIDS

MILK KIDS
MILK KIDS
儿童摄影

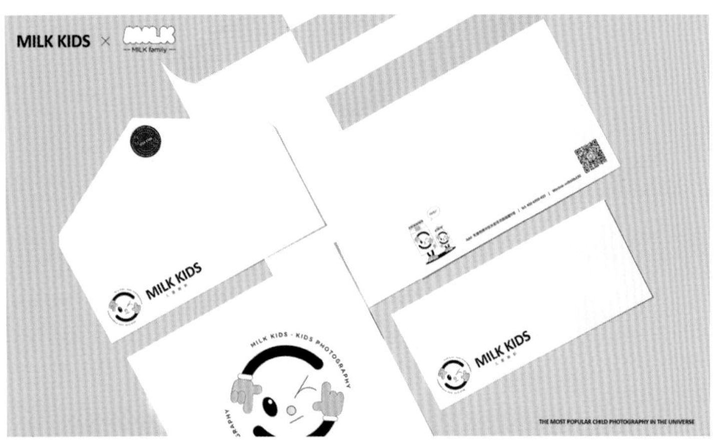
MILK KIDS
MILK KIDS
MILK KIDS

MILK KIDS
MILK KIDS
MILK KIDS
STAY REAL

MILK KIDS
儿 童 摄 影
STAY REAL
MILK KIDS 旗艦店
NEW STORE
欢迎
光临
TO THE LEFT 往左
MILK KIDS
儿 童 摄 影
全宇宙-
最用心的
儿童摄影
The most popular child photography in the universe
由此进入
COME ON!!
STAY REAL
留住纯真
New Store Opening
MILK KIDS
儿 童 摄 影
NEW
STORE
OPENING
全宇宙-
最用心的
儿童摄影
The most popular child photography in the universe
STAY
REAL
前方进入
COME ON!!

ON AIR
MILK
OFFICE

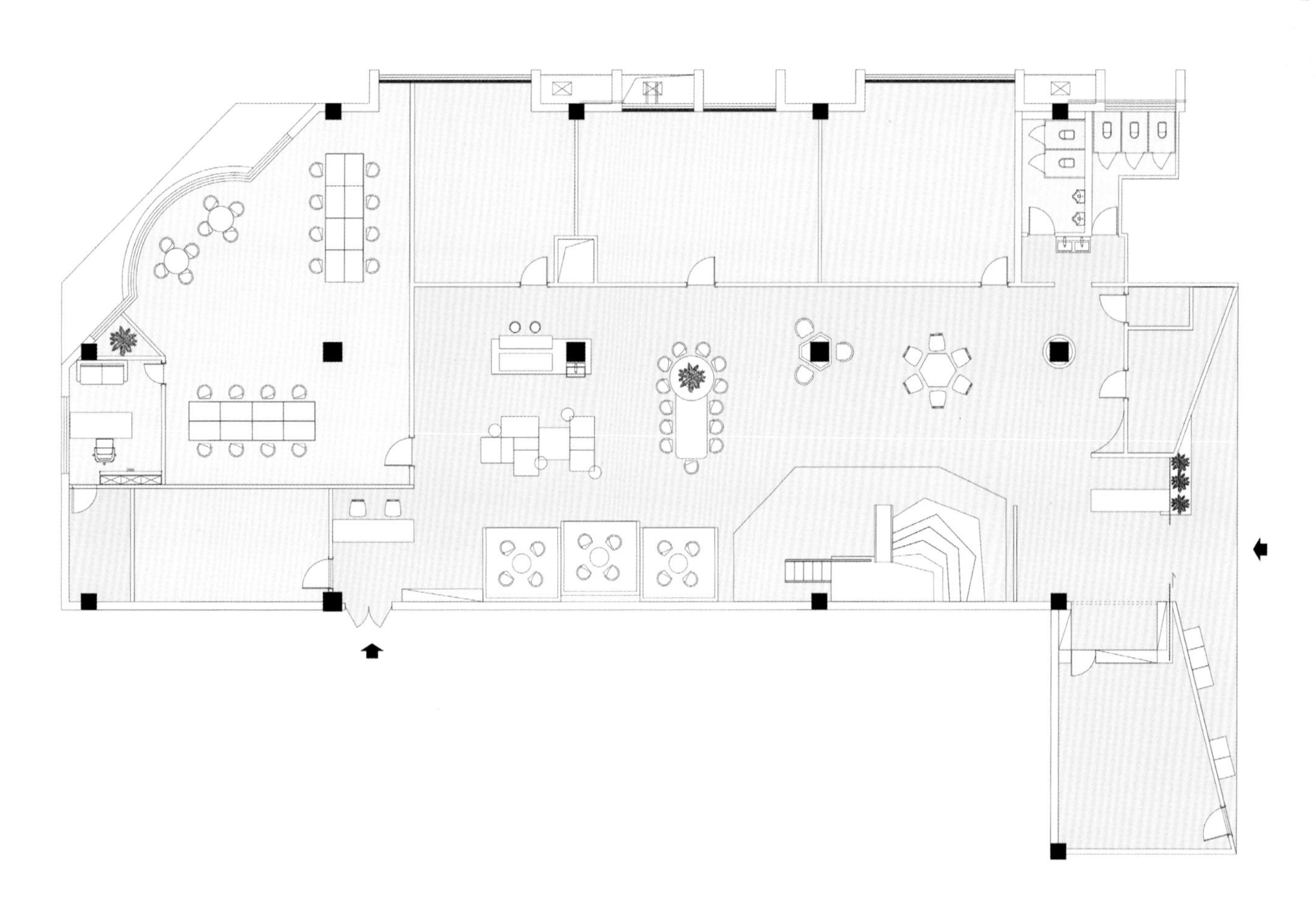

保洁间

ON AIR

MILK KIDS
易碎!
勿扔!
OPEN
The best wish for you
MILK KIDS

MILK KIDS
MILK KIDS
The best wish for you
OPEN
STAY REAL
THE MOST POPULAR CHILD PHOTOGRAPHY IN THE UNIVERSE

MILK KIDS
MILK KIDS
MILK KIDS

MILK KIDS
MILK KIDS
MILK KIDS

Thanks for your trust.
Thank You
Thank You
Thanks for your trust.
MILK KIDS

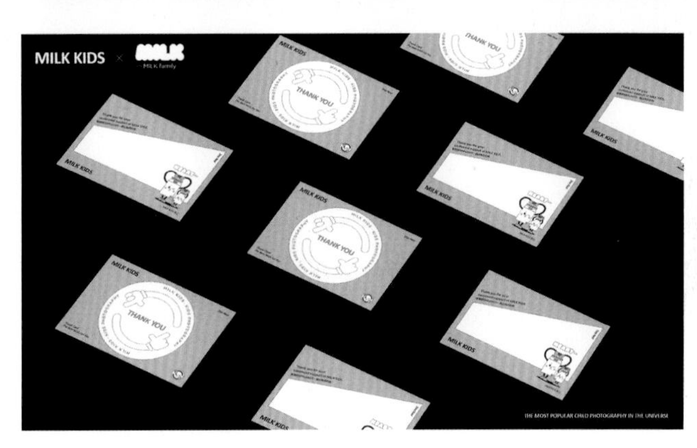
MILK KIDS
THANK YOU
THANK YOU
THANK YOU
THE MOST POPULAR CHILD PHOTOGRAPHY IN THE UNIVERSE

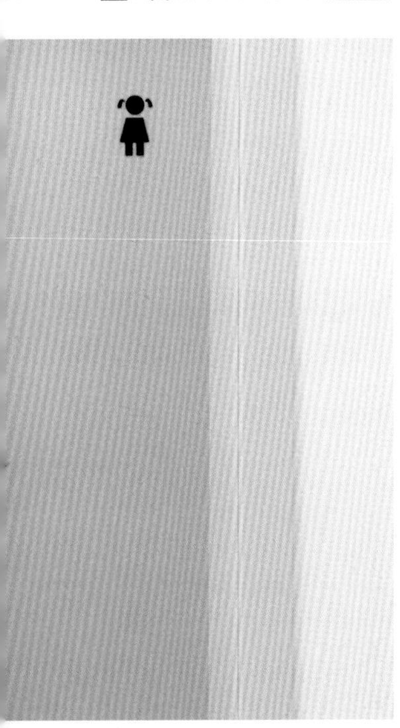

Health

医疗保健

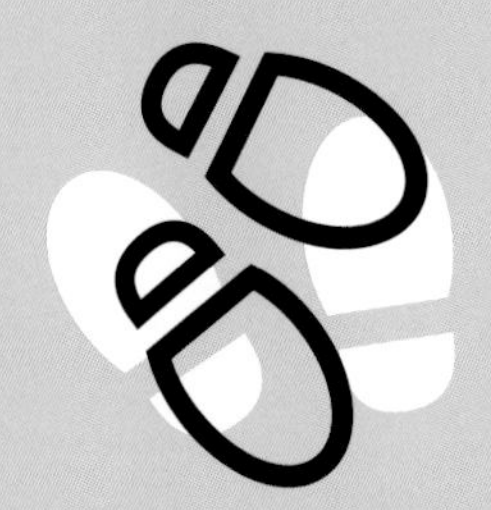

巴塞罗那圣乔安德佑儿童医院

项目地点：西班牙，巴塞罗那

完成时间：2013

设计：Arauna 工作室，Rai Pinto 工作室

摄影：维多利亚 · 吉尔（Victòria Gil），博尔哈 · 巴尔贝（Borja Ballbé），丹尼 · 鲁比奥 · 阿劳纳（Dani Rubio Arauna），拉伊 · 平托（Rai Pinto）

设计团队完成了巴塞罗那圣乔安德佑儿童医院急诊病房的翻修任务，以满足儿童的救护需求。医院负责人希望通过对整体环境的改造，增加儿童在这个通常会令他们不舒服的空间中的舒适度，使他们愿意在这里玩耍。

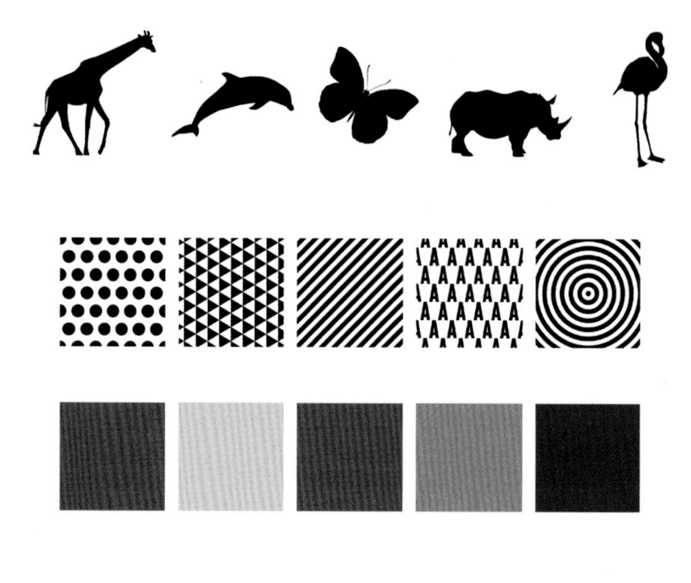

“动物藏猫猫”的概念是贯穿整个医院的故事线。设计师基于动物的真实比例创造了一种视觉语言：通过重复的图案、固定的色彩搭配及平面与立体之间的呼应塑造出活灵活现的动物形象。这种视觉语言使众多相关的干预措施发挥了效用，描绘出 100 多种互相关联的动物造型，遍布医院的各个角落。这样的“动物藏猫猫”设计为 5 000 多平方米的空间提供了连贯的视觉形象。

虽然“动物藏猫猫”的概念最初是为特定区域打造的解决方案，但很快被应用到了整个医院及其外部环境。为了增加连贯性，医院内外部空间的标识系统也相应地进行了升级。

B

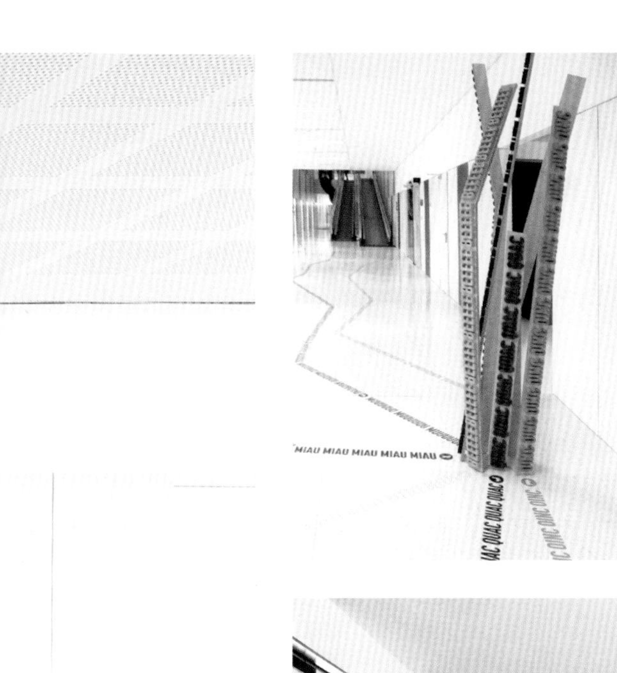
MIAU MIAU MIAU MIAU MIAU
QUAC QUAC

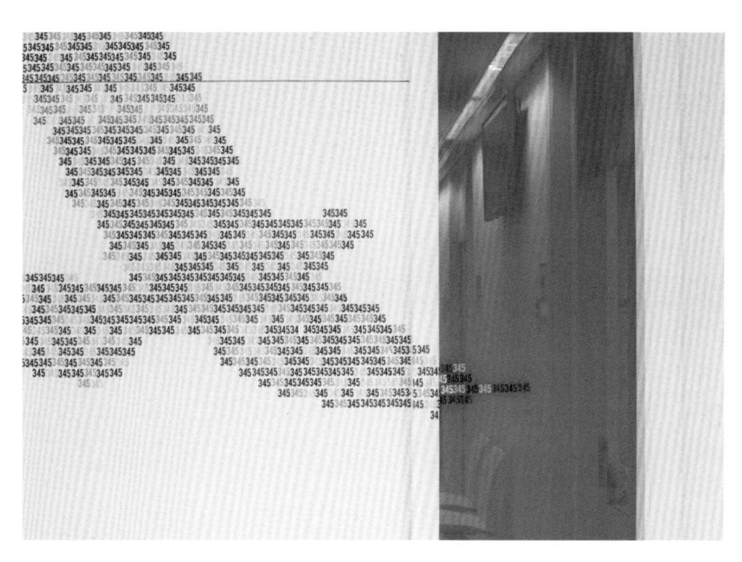

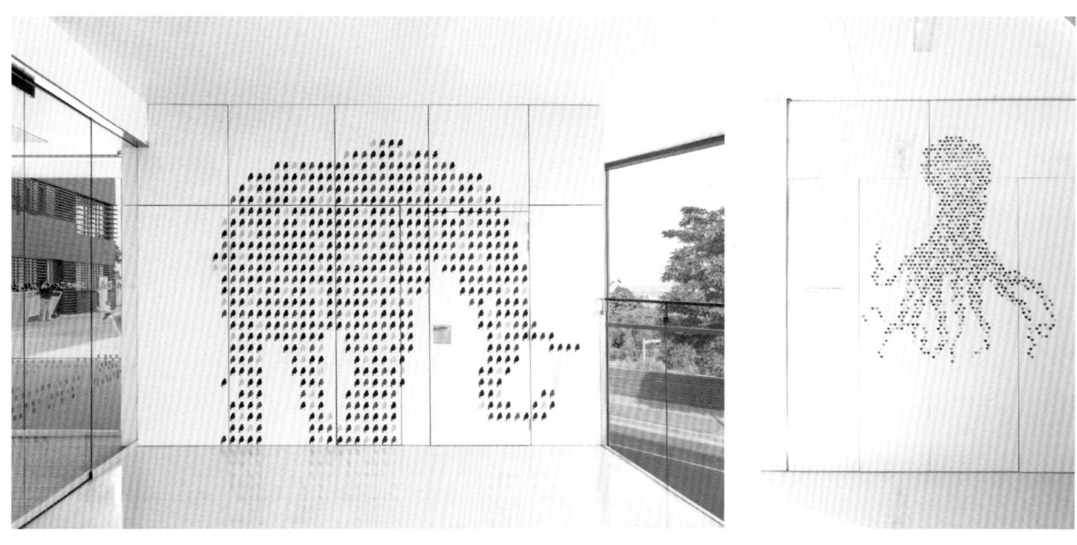

308
Planta
C3
Cures Pal·liatives
Cardiologia
Genetica
Immunoal·lergia
Nefrologia
Neurocirurgia
Oftalmologia
Otorinolaringologia
Pneumologia

圣贾斯汀妇幼医院

项目地点：加拿大，蒙特利尔

完成时间：2017

设计：西德 · 李（Sid Lee）

摄影：辛迪 · 博伊斯（Cindy Boyce）

在加拿大最大的妇幼中心圣贾斯汀妇幼医院进行了扩建之后，设计团队对空白画布——新粉刷的墙壁有两个期许：描绘医院的历史；为新建筑的大厅注入活力。

为了抓住医院历史的精髓，设计团队构想出了一系列巧妙的隐喻，然后配以插画，最后将其应用到实体空间中，巧妙地描绘出医院100多年的悠久历史，将医院打造成一个随处可见“神秘生物”的“神奇花园”。在启动仪式上，医院的小患者们还收到了同系列的插画集。

设计团队很快意识到，来访者之间的年龄差会是最大的设计挑战。于是，他们设计了有趣的时间线让成年人了解医院，而孩子们会被周围的造型和色彩迷住，进而幻想出一个属于他们自己的世界。无论来访者将医院看作短暂的停歇处、工作场所还是第二个家，这些围绕自然、生命和成长的主题都会向他们传递希望，安抚他们的情绪。项目的设计语言具有启发性、趣味性和通用性，并通过总面积约为483平方米的七幅壁画来增加项目的影响力，孩子和成年人都会不由自主地沉浸于此。

Répertoire général

le
Grand
jardin
Répertoire général
la Petite
pousse

la Petite
pousse
INTRODUCTION
En 1907, Justine Lacoste-Beaubien et Irma LeVasseur
viennent semer une lueur d'espoir dans l'univers
québécois. L'Hôpital Sainte-Justine prend vie.
Au soir de leur rencontre, un petit lit est déjà prêt
à accueillir son premier patient. C'est le début d'une
grande aventure qui se déploiera et changera
la vie de milliers d'enfants pour des années à venir.
Comme une petite pousse lancée au vent.

Pour
l'amour
des mères
et des
enfants

la Grande
épopée

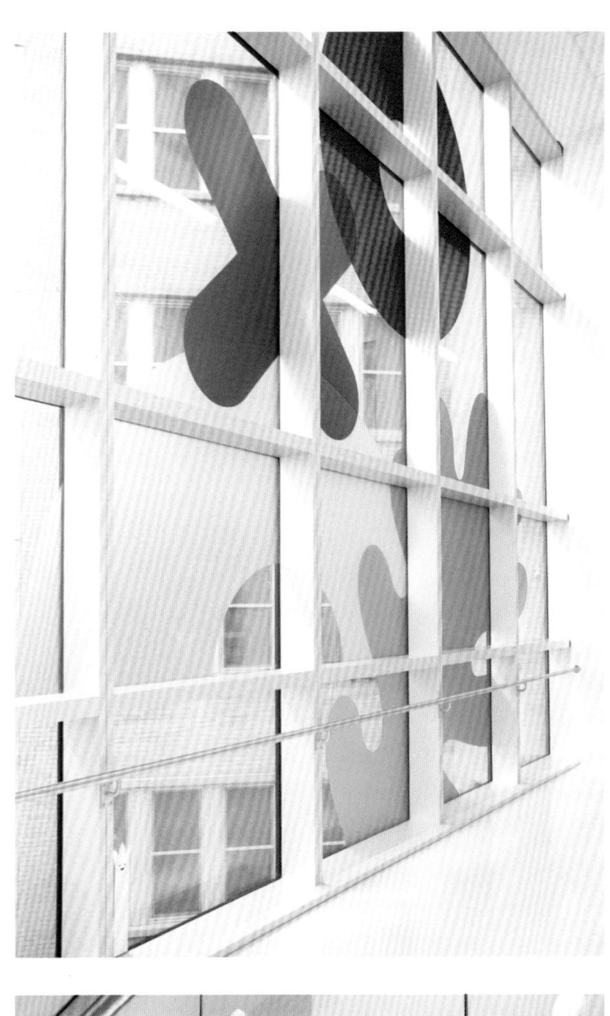

la Grande
épopée

Parc d’Atencions
儿童日托医院

项目地点：西班牙，巴塞罗那

完成时间：2015

设计：Toormix 工作室

摄影：阿德里亚 · 古拉（Adrià Goula）

这是一个全球性项目，不同空间的命名、品牌设计、符号可视化及用户体验开发都是由 Toormix 的设计团队完成的。Toormix 提出的设计方案考虑到了三个受众群体：患者、他们的亲属和医疗团队，最终为所有人打造了一个舒适而友好的环境。

设计团队将这个全新的空间定义为“护理公园”，也有游乐园的意思。对小患者来说，这无疑是一个既能得到照顾，又非常好玩儿的环境：在这里，他们和家长可以在治疗、情感以及个人需求方面得到无微不至的关怀。

由于患者（婴儿、儿童和青少年）的年龄不同，他们的个性、需求和认知是不同的，因此，设计团队必须要创建不同的空间。他们将这里划分成三个不同主题的空间：以大自然为主题的候诊区、以宇宙为主题的会诊区及以赛车为主题的治疗区。设计团队通过三种颜色（绿、黄、橙）及三种图形塑造空间，而不是陷入传统思维——只是单纯地认为儿童需要多种色彩的刺激。当不同受众群体共处于一个空间时，设计师需要让所有人都感到舒适。最终，设计团队营造了一个温馨的治疗环境，让病人在这样一个微妙的情境下获得更为愉快的体验。

ARC
ATENCIONS
nens, nenes i familiars
FJRA
Obra Social "la Caixa"
FUNDACIÓ VILA CASAS
ecció mèdica
sep Sánchez de Toledo
Aquest Hospital de Dia és una realitat per l'incondicional suport de moltes
persones que van creure que els somnis impossibles no existeixen.
A totes elles, moltíssimes gràcies.

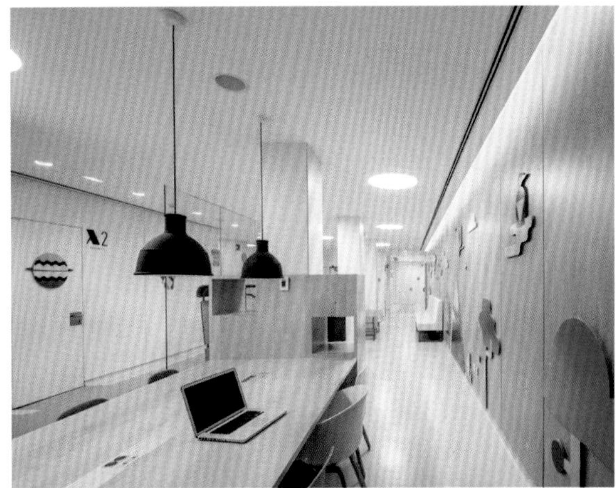

A1
A2

A2
A3

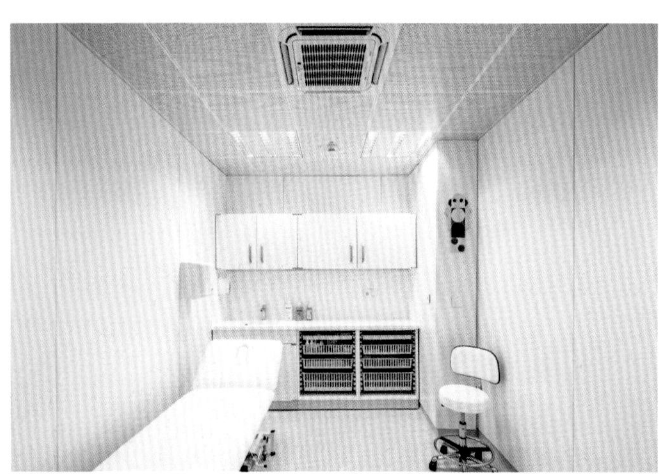

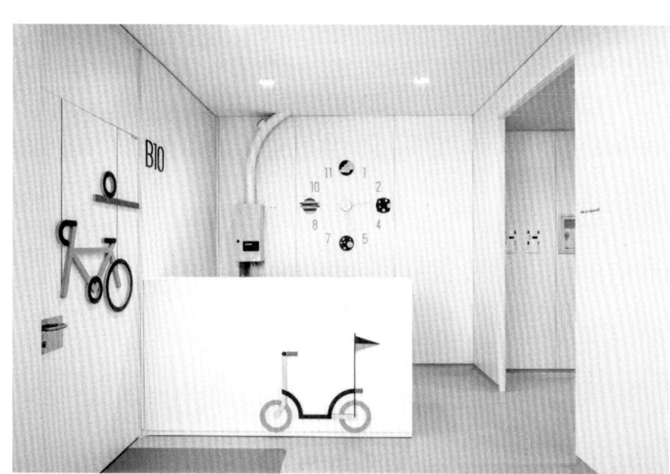
B10

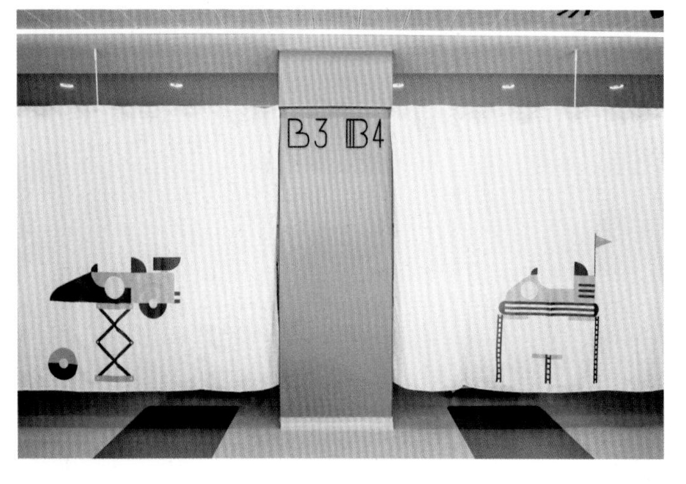
B3 B4

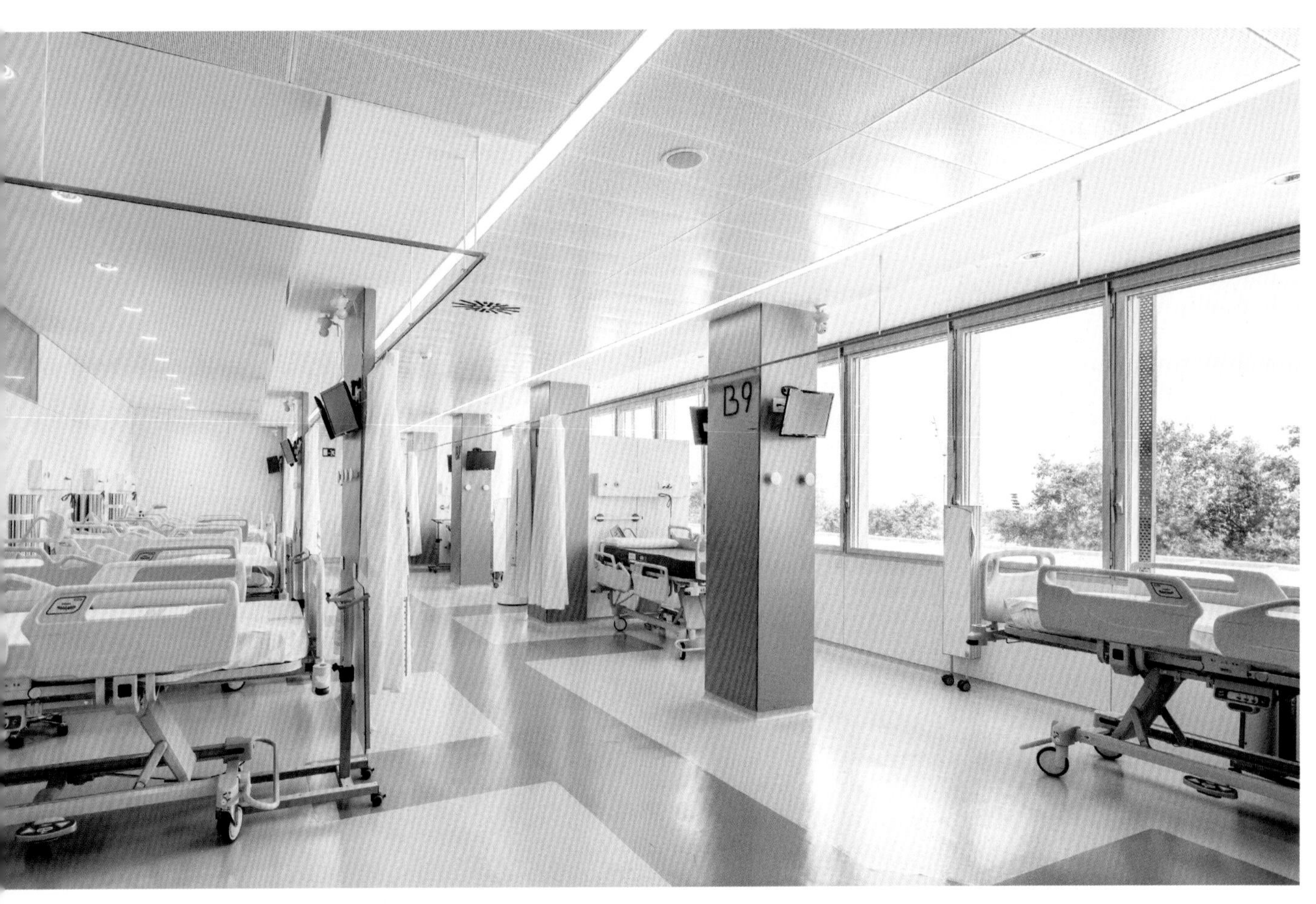
B9

Pirogov 医院儿童病房

项目地点：保加利亚，索非亚

完成时间：2017

设计：FourPlus 工作室

摄影：MEM 工作室

奖项：2017 年保加利亚年度建筑特别奖

医院总是给人与病痛、不安有关的负面印象。美国保加利亚基金会(ABF)和Pirogov医院共同启动了一个项目，重点是对 Pirogov 医院的儿童病房进行改造。该项目的设计师希望通过一些有趣的插图、视觉形象和双语导视系统对 Pirogov 医院的儿童病房进行改造，使患者获得更为愉快的体验。

设计团队将这个 2 270 平方米的空间变成了一个色彩丰富的虚幻世界——墙壁、走廊和房间内都布满了插图。一楼以海洋为主题，二楼以童话故事为主题，三楼则以现实生活中的超级英雄为主题。每个楼层的视觉形象设计都是根据服务对象的年龄定制的：接待区、候诊室和办公室位于一楼，来访者都会经过这里，为了迎合各个年龄段的来访者，创作团队为这个空间选择了蓝鲸、海豚、海狮、乌龟等友好的海洋生物形象；前往二楼的患者多是年龄较小的孩子，因此二楼的墙面上绘制了他们喜欢的童话人物和花园等；前往三楼的患者是 3 至 18 岁的大龄儿童，这里的插画是他们熟悉的超级英雄——超级妈妈、超级消防员、超级教师……

FourPlus 工作室还打造了一个双语导视系统，避免小英雄们迷路，同时也为他们营造了一个轻松的就诊环境。

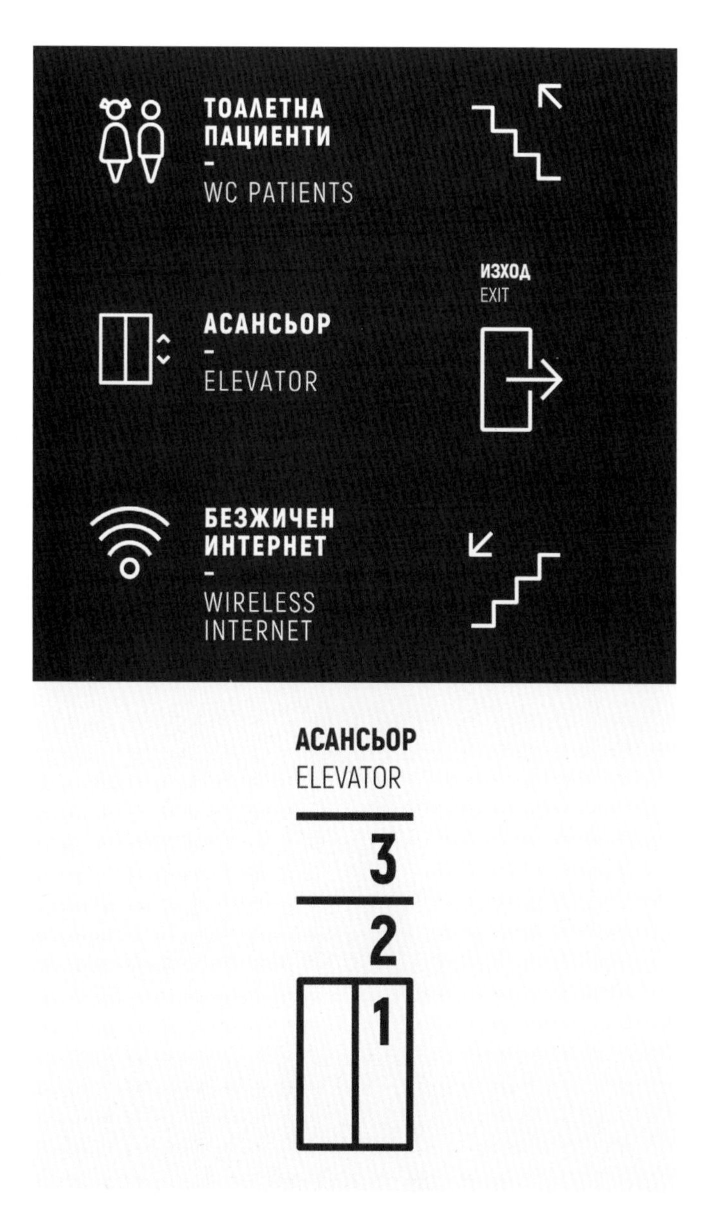

ДЕТСКА РЕГИСТРАТУРА
PEDIATRIC RECEPTION
201
4
И ОПЕРАЦИОННА ЗАЛА
PEDIATRIC SURGERY
AND REANIMATION
3
ДЕТСКА КОРЕМНА ХИРУРГИЯ
PEDIATRIC ABDOMINAL SURGERY
ДЕТСКА ТРАВМАТОЛОГИЧНА КЛИНИКА
2
ХИРУРГИЯ НА НОВОРОДЕНОТО
ДЕТСКА ГРЪДНА ХИРУРГИЯ
PEDIATRIC THORAX SURGERY
1
КОНСУЛТАТИВНИ КАБИНЕТИ
CONSULTING ROOMS

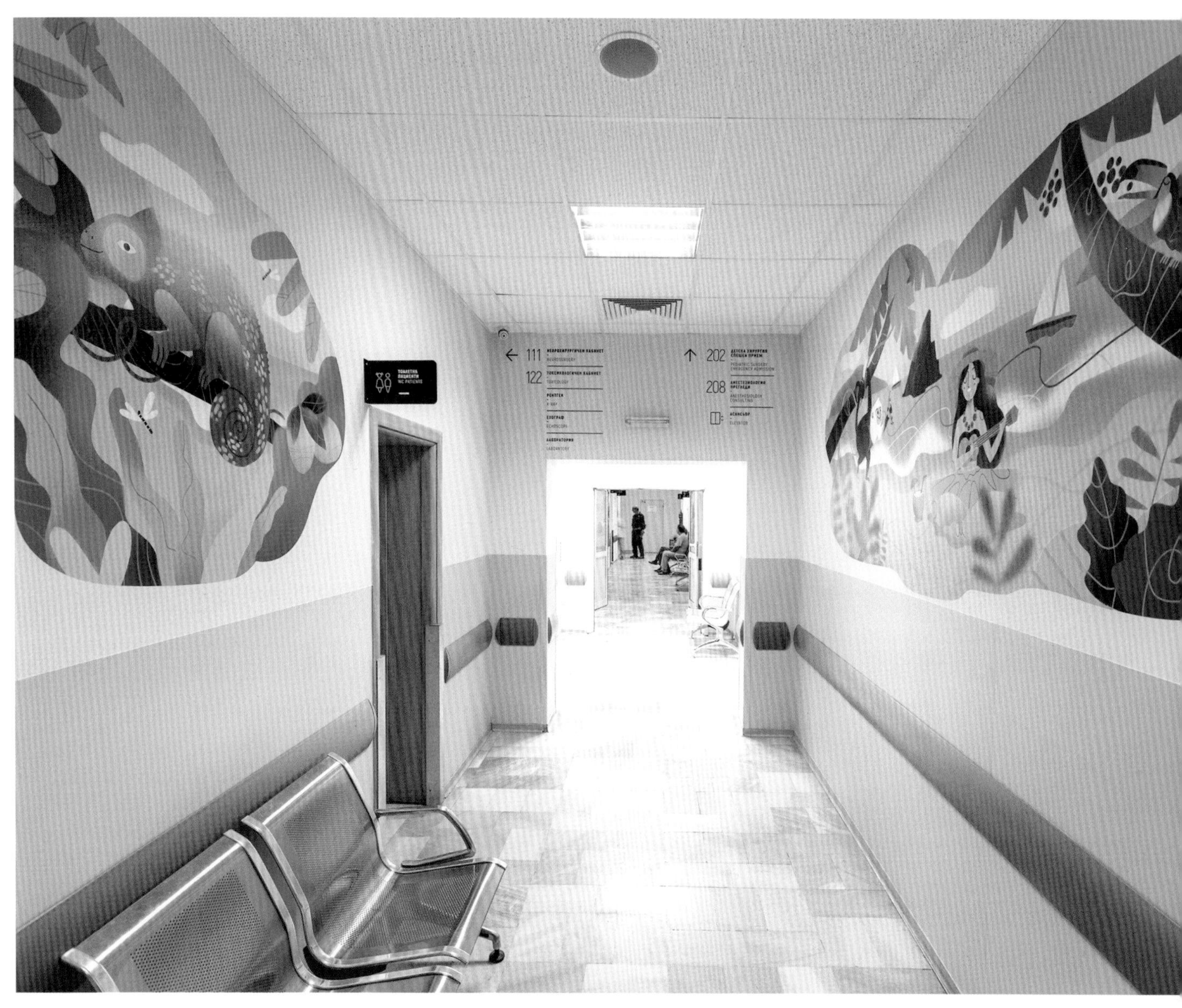
111
122
202
208

ЕТАЖ
3
FLOOR
ДЕТСКА КОРЕМНА ХИРУРГИЯ
-
PEDIATRIC ABDOMINAL SURGERY
ЕТАЖ
2
FLOOR
ХИРУРГИЯ НА НОВОРОДЕНОТО
-
NEONATAL SURGERY

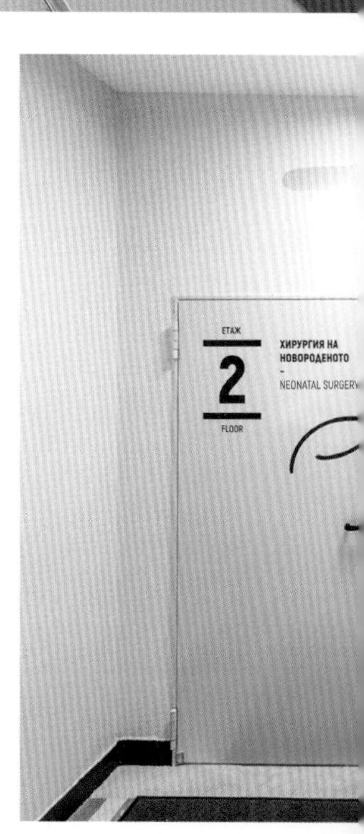
ЕТАЖ
2
FLOOR
ХИРУРГИЯ НА НОВОРОДЕНОТО
-

ЕТАЖ
3
FLOOR
ДЕТСКА КОРЕМНА
ХИРУРГИЯ
PEDIATRIC ABDOMINAL
SURGERY

ЕТАЖ
2
FLOOR
ХИРУРГИЯ НА
НОВОРОДЕНОТО
NEONATAL SURGERY

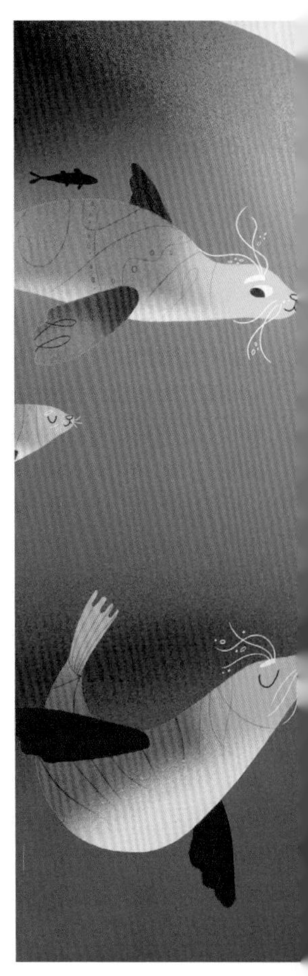

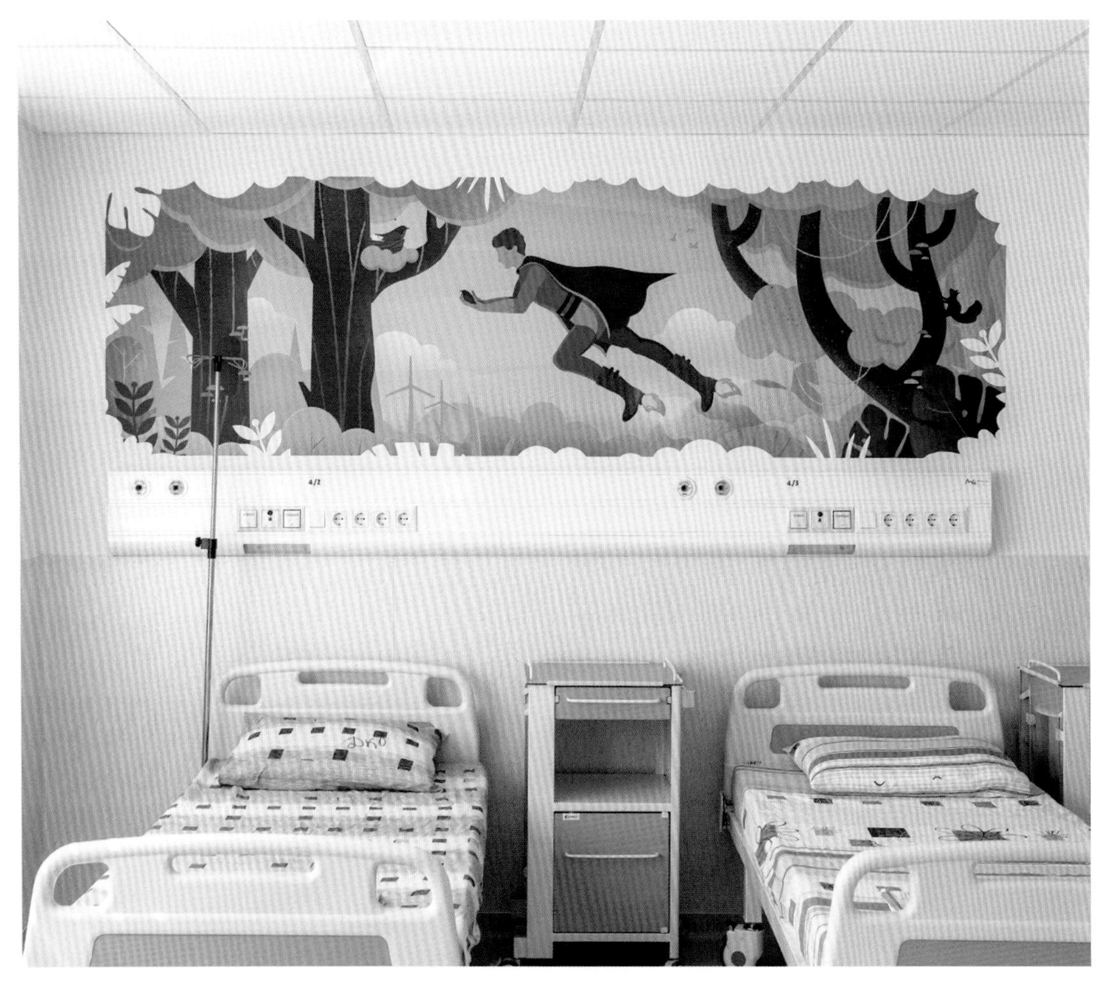

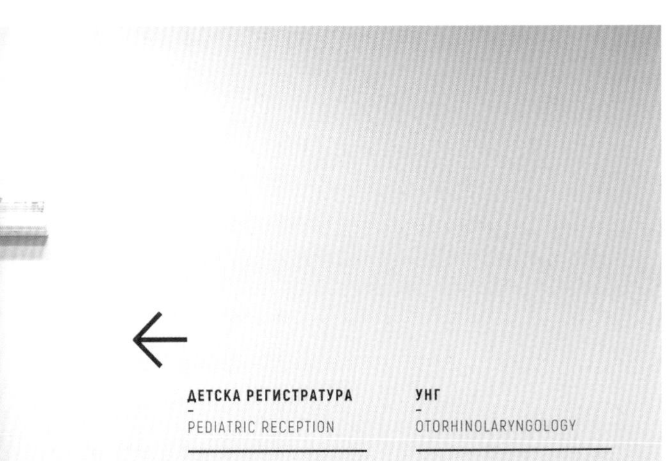
ДЕТСКА РЕГИСТРАТУРА
-
PEDIATRIC RECEPTION
ДЕТСКИ КОНСУЛТАТИВНИ КАБИНЕТИ
-
PEDIATRIC CONSULTING ROOMS
УНГ
-
OTORHINOLARYNGOLOGY
ОЧЕН КАБИНЕТ
-
OPHTHALMOLOGIST
СЪДОВА ХИРУРГИЯ
-
VASCULAR SURGERY
ОПЕРАТИВНА ГИНЕКОЛОГИЯ
-
OPERATIONAL GYNECOLOGY
ХИРУРГИЯ И ТЕРАПИЯ НА РЪКАТА
-
ARM SURGERY AND THERAPY

4 A
СТАЯ
ROOM

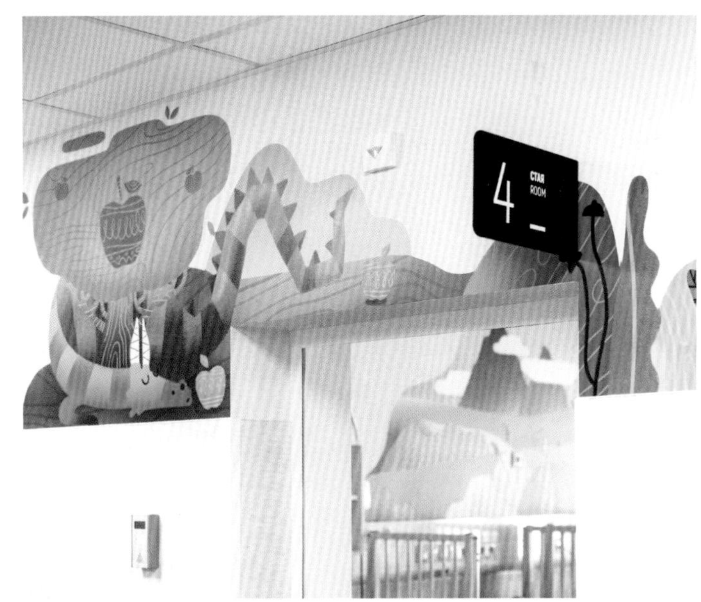
4

7
СТАЯ
ROOM

新综合医院

项目地点：俄罗斯，彼尔姆

完成时间：2018

设计：Ozon 集团

摄影：阿列克谢 · 古辛（Alexei Gushchin）

新综合医院是一个大型项目——对俄罗斯彼尔姆边疆区的 100 多家综合医院进行翻新。项目的主要目的是提升医疗环境品质，并为患者及其家属、医务人员营造一个舒适、友好的氛围。Ozon 设计团队负责空间的整体创意，包括导视系统、信息板、色彩、插画等，力求打造全新的通用访问标准和品牌视觉系统（这些有助于对项目进行远程管理），以及改善医院内部的导视系统，赋予室内空间温暖的氛围。

为了使来医院就诊的小患者获得舒适的体验，医院的空间用大幅的墙画进行装饰。这些色彩丰富、冲击力强的墙画的草图是由这一项目的插画师 7 岁的儿子绘制的。这个小男孩所画的海洋、针叶林、丛林动物等看起来很有趣，有助于孩子们心情愉快，深受小患者们的喜爱。

这是一个有广阔前景的项目。在不久的将来，墙画中的形象会被制作成动画，教导小患者日常护理和养成良好习惯的重要性，如正确刷牙和饭前洗手。设计团队对小患者的父母以及社交媒体的反馈进行了统计，结果表明医院新的视觉设计很受欢迎。

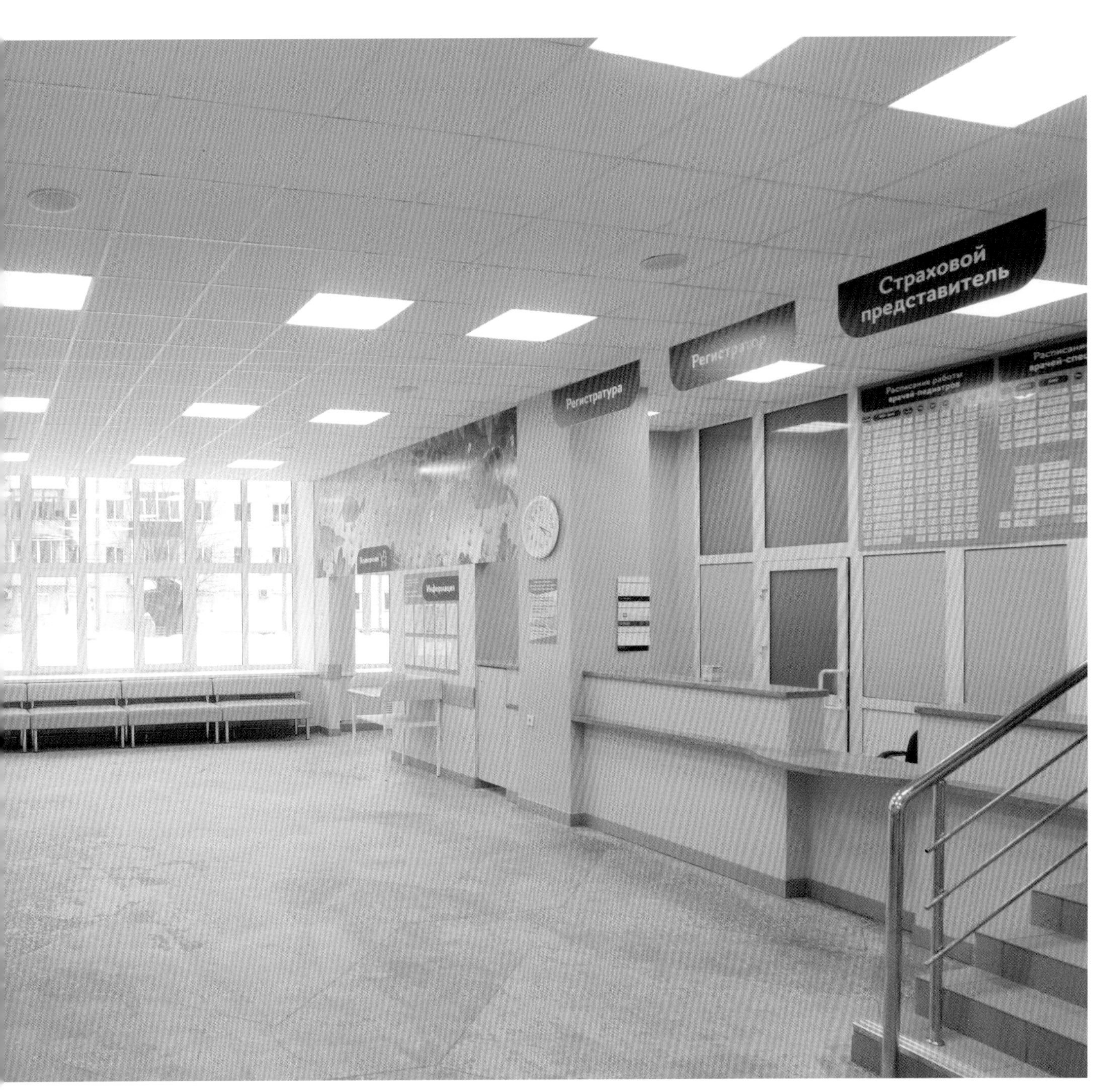
Страховой представитель
Регистратура
Регистратура
Информация

Выход
Гардероб
Информация

Колясочная
Информация

Заборный пункт лаборатории
Отделение профилактических
осмотров
WC
Буфет

110 Кабинет «Здоровое детство»
Туалет
102
103
104
105
106
107
108
109
Буфет
209
210
211, 213, 216, 221, 223, 225, 226
218
219 Заведующий отделением медико-социальной помощи
220
222 Заместитель главного врача
224 Кабинет здорового ребенка
231
110
120 Эндокринолог
126 Забор венозной крови
127
128
Туалет

Консультативно-диагностическое отделение
2
205 Гастроэнтеролог
206 Хирург
207 Врач по лечебной физкультуре
208 Заведующий консультативно-диагностическим отделением
201
202
203
204
Лечебно-профилактическое отделение
2
209 Оториноларинголог
210
211, 213, 216, 221, 223, 225, 226 Участковые педиатры
218 Психолог
219 Заведующий отделением медико-социальной помощи
220 Прививочный кабинет
222 Заместитель главного врача
224 Кабинет здорового ребенка
231 Приёмная

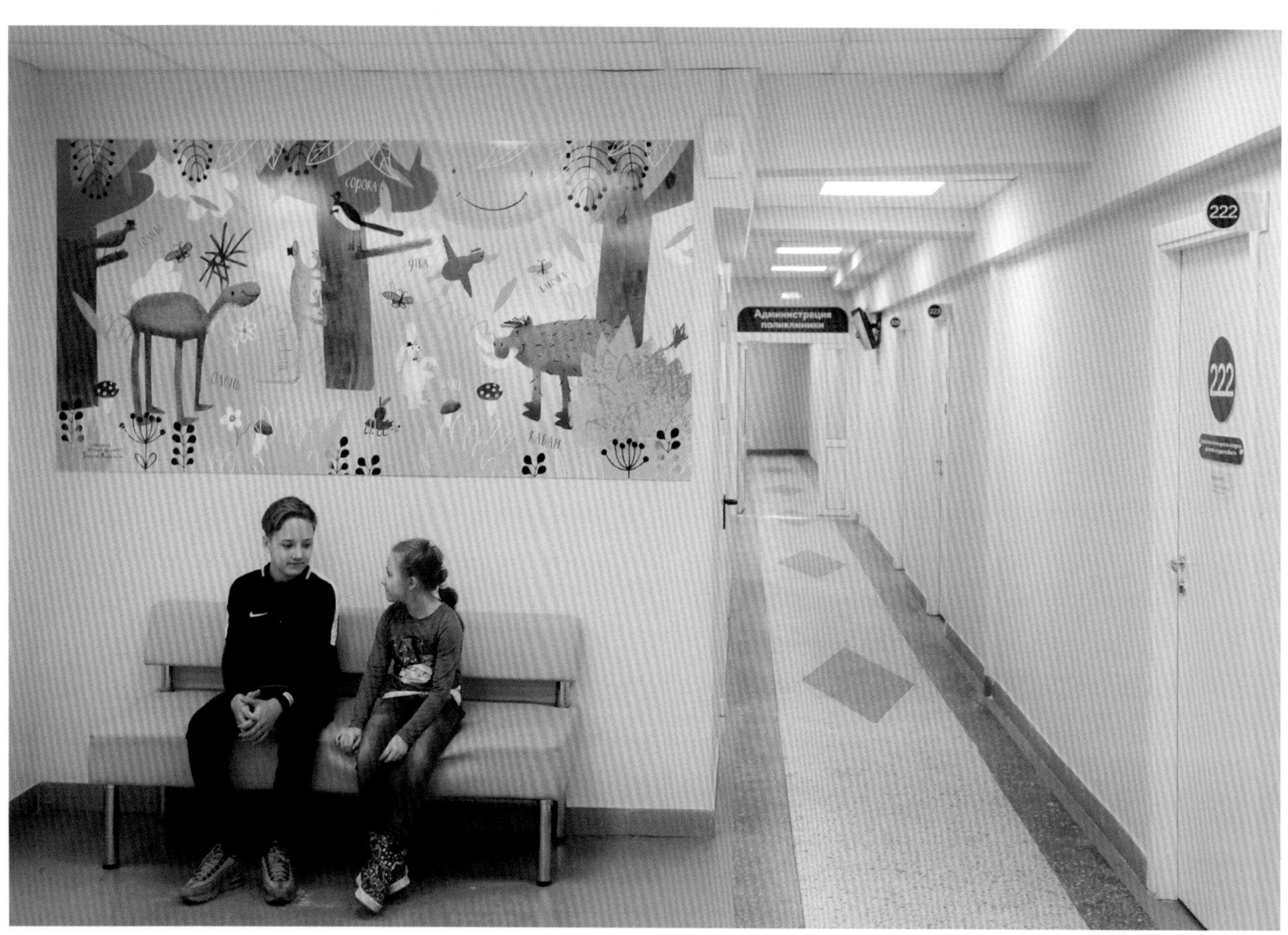
Сорока
Кабан
Администрация поликлиники
222
222

罗特斯儿童诊所

项目地点：俄罗斯，车里雅宾斯克

完成时间：2016

设计：萨莎·舍尔斯涅夫（Sasha Sherstneva），阿列克谢·帕诺夫（Alexey Panov），因加·比布利纳（Inga Habibulina）

摄影：罗特斯医疗中心

该项目的设计理念是由平面设计师、插画师、室内设计师和文案撰稿人共同提出的。他们对父母和孩子分别进行了调研，明确了常规儿童医院的主要缺点：孩子们害怕穿白大褂的医生、冰冷的注射器，以及严肃的气氛。最终，团队确定了设计目标：减轻孩子和家长的心理压力，把治疗变成有趣的“游戏”。于是，三个鲜明的人物形象——可以随时陪伴小患者看病的超级英雄出现了，他们需要去不同的办公室执行各种任务：在实验室研制勇气疫苗、在专家的办公室发送机密信息……

设计团队还开发了一个带有企业标识的生动的导视系统，如专家办公室门上的巨大数字，这是特别为小患者设计的。诊所还为医务人员定制了色彩鲜艳的制服，这样孩子们就不会再因为害怕医生的白大褂而抗拒治疗了。设计师还在办公室旁边设置了迷宫游戏台和哈哈镜，这样孩子们和他们的父母在诊所大厅候诊时就不会觉得过于无聊。

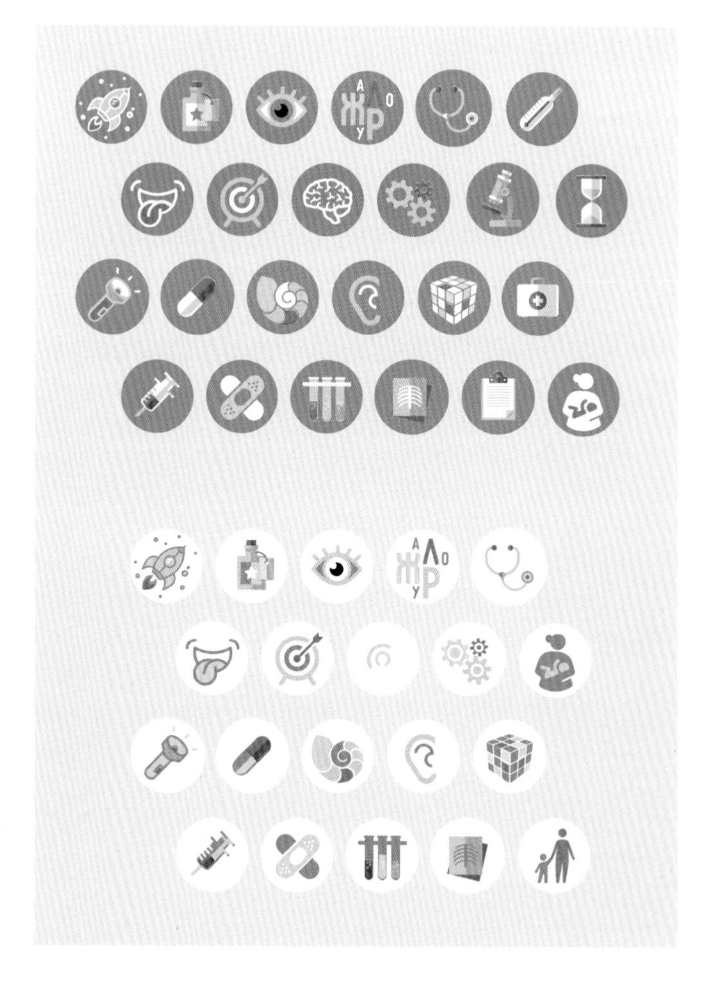

КЛИНИКА ДЛЯ ДЕТЕЙ
ВИЖУ БЕРЕГ
В ОБА ГЛАЗА
НЕ НУЖНЫ МНЕ
ВОДОЛАЗЫ
Я СЕГОДНЯ
У ВРАЧА
ГРОМЧЕ ВСЕХ
СКАЗАЛА
«А-А-А-А»
ЛОТОС
КЛИНИКА ДЛЯ ДЕТЕЙ
ЗАПИСЬ НА ПРИЕМ
220-00-03
ВЫЗОВ ВРАЧА
КОГДА
ЛЕЧЕНИЕ –
ПРИКЛЮЧЕНИЕ

ЛОТОС
КЛИНИКА ДЛЯ ДЕТЕЙ
Челябинск, Труда 187-б
www.lotos74.ru
Единая справочная служба:
+7(351) 220 00 03
ЛОТОС
КЛИНИКА ДЛЯ ДЕТЕЙ
• педиатрия
• узкие специалисты • узи
• детский патронаж от рождения до года
• вызов врача на дом
ФИО врача
дата приема

ЛОТОС
КЛИНИКА ДЛЯ ДЕТЕЙ
МЕДИЦИНСКАЯ КАРТА
ИСТОРИЯ РАЗВИТИЯ РЕБЕНКА

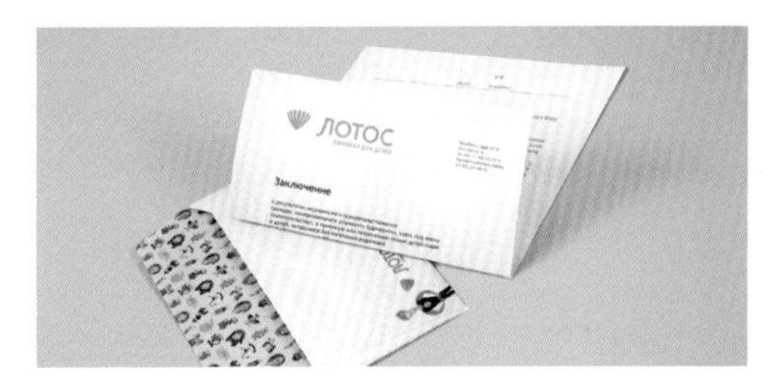
ЛОТОС
КЛИНИКА ДЛЯ ДЕТЕЙ
Заключение

ЛОТОС
КЛИНИКА ДЛЯ ДЕТЕЙ
МЕДИЦИНСКАЯ КАРТА
ИСТОРИЯ РАЗВИТИЯ РЕБЕНКА
Фамилия
Имя Отчество
Дата рождения
Адрес проживания
Полис №

ЛОТОС
КЛИНИКА ДЛЯ ДЕТЕЙ
Кому
Куда
ЛОТОС
+7(351) 220 00 03

ЛОР
11

КАБИНЕТ УЗИ

ПРИВИВОЧНЫЙ
КАБИНЕТ

ДЕРМАТОЛОГ

ГАРДЕРОБ
КОЛЯСОЧНАЯ

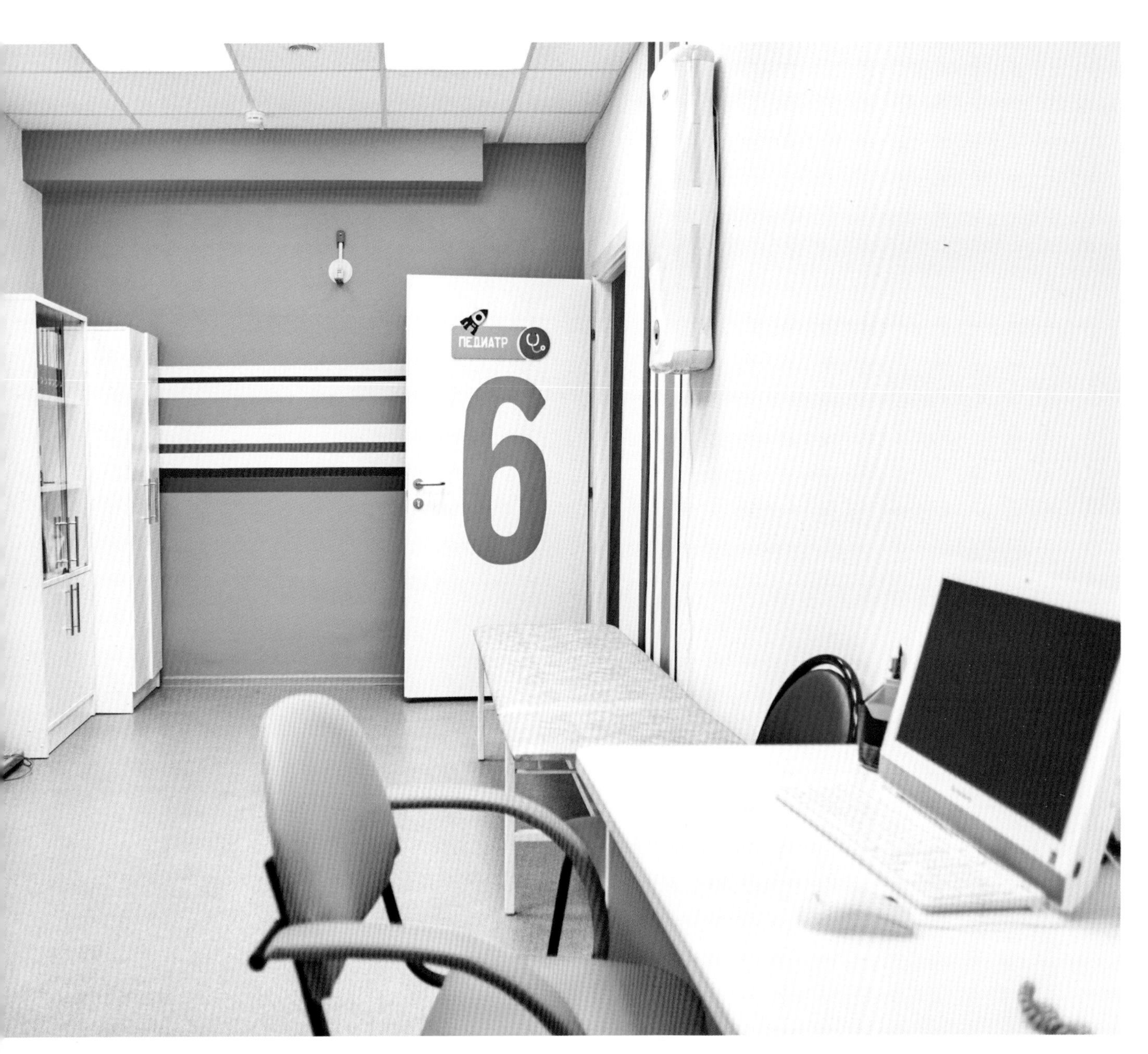
ПЕДИАТР
6

1
КАБИНЕТ
ИГРОВАЯ
КОМНАТА

МЫ ХОТИМ
ВАС СЛЫШАТЬ!
СПАСИБО
ЗА ОБРАТНУЮ СВЯЗЬ

ПЕЧАТЬ
ФОТО
#LOTOS74

КАБИНЕТЫ
5.6
КАБИНЕТЫ
5-11
ТУАЛЕТ
УЗИ

ПРОЦЕДУРНЫЙ
КАБИНЕТ
3
10

КАБИНЕТЫ
1 и 2
10 и 11
ИГРОВАЯ
КОМНАТА
АКУСТИЧЕСКАЯ
КОМНАТА
10

ВЗРОСЛАЯ ПОЛИКЛИНИКА

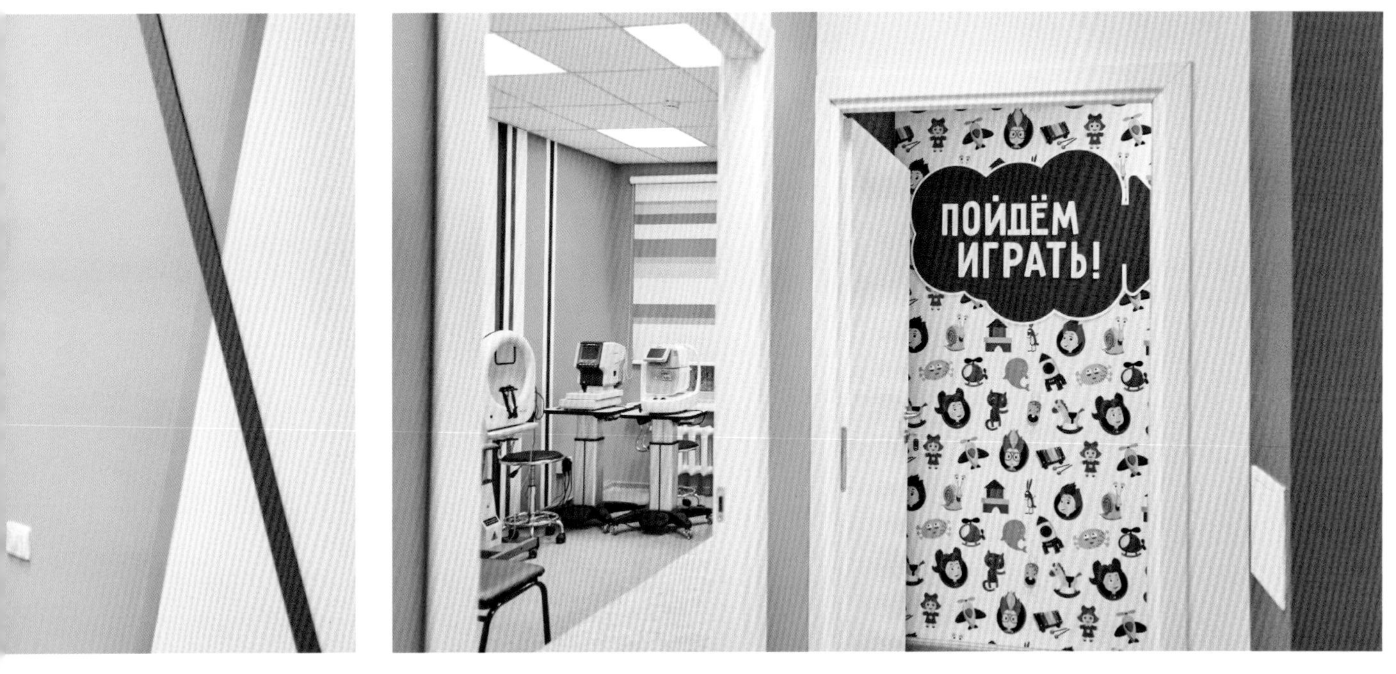
ПОЙДЁМ
ИГРАТЬ!

НЕВРОЛОГ
8

РЕГИСТРАТУРА
10

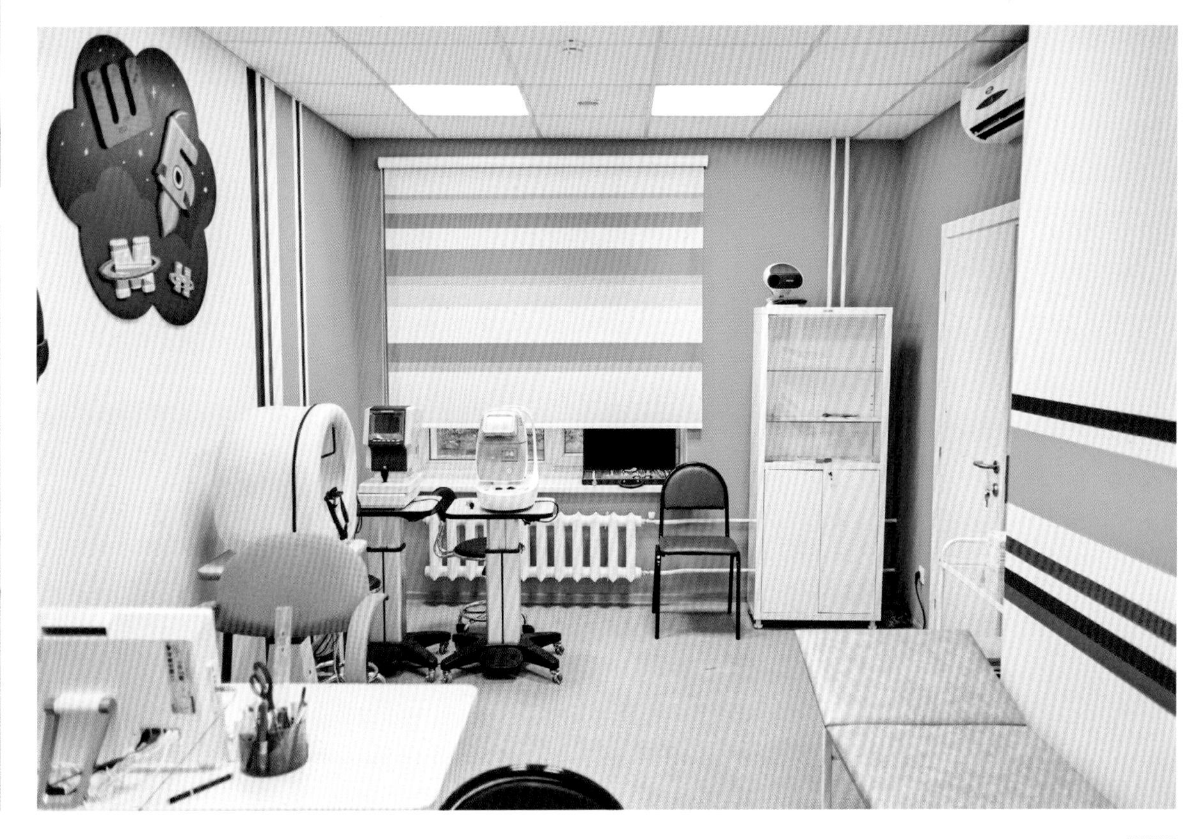

Culture

文 化

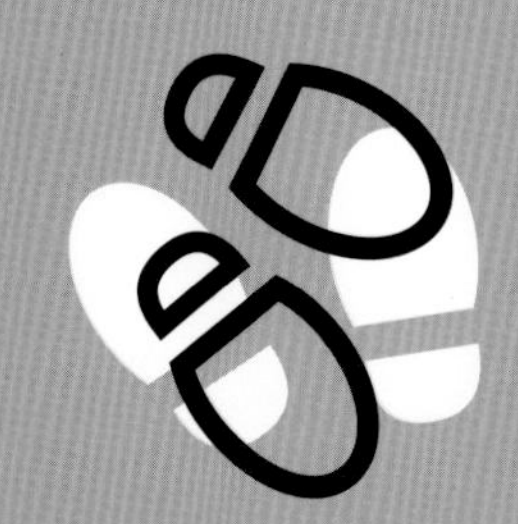

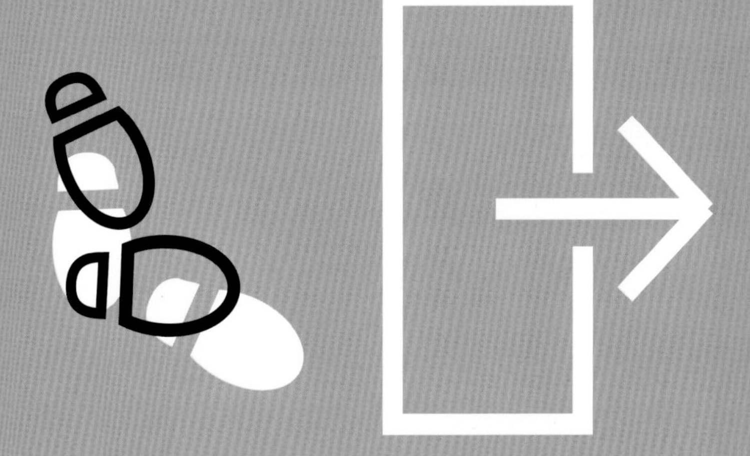

阿里郎儿童公共图书馆

项目地点：韩国，首尔

完成时间：2017

设计：form & function 设计事务所

摄影：form & function 设计事务所

form & function 设计事务所为阿里郎儿童公共图书馆设计了品牌标识和指示牌。图书馆各楼层都用到了黄色、粉色和天蓝色，因为这三种颜色具有很强的视觉冲击力，应用范围也很广。标识则采用黑白两色，与这三种颜色形成强烈对比。

阿里郎儿童公共图书馆旨在营造这样一种学习环境：满足孩子们的需求，激发他们的好奇心，并让他们在图书馆中感受到阅读的乐趣。图书馆品牌标识的设计灵感源于孩子读书时的眼神，其主体是一张充满求知欲的笑脸。孩子们对有趣的事物的看法不同于成年人，他们总是喜欢问“为什么”，所以标识中的虚拟形象的眼睛所注视的方向在不同应用场景里也是不同的，这也暗指人们应当永远对世界抱有好奇心。

每个楼层都有相应颜色的导向标识，并以孩子的笑脸和云朵作为可视化图案来表达图书馆所在的山丘的意象，同时也隐喻“成长中的孩子”。为避免图书馆内各种视觉形象元素过于分散，设计团队将应用到各个楼层与房间的标识同时放在了建筑外立面上，使图书馆的内外空间在设计上相互呼应。

아리랑 어린이 도서관
SG
아리랑어린이도서관
시범운영기간 안내
아리랑어린이도서관
시범운영기간 안내

아리랑 어린이 도서관

아리랑
어린이
도서관
sb 성북
성북문화재단

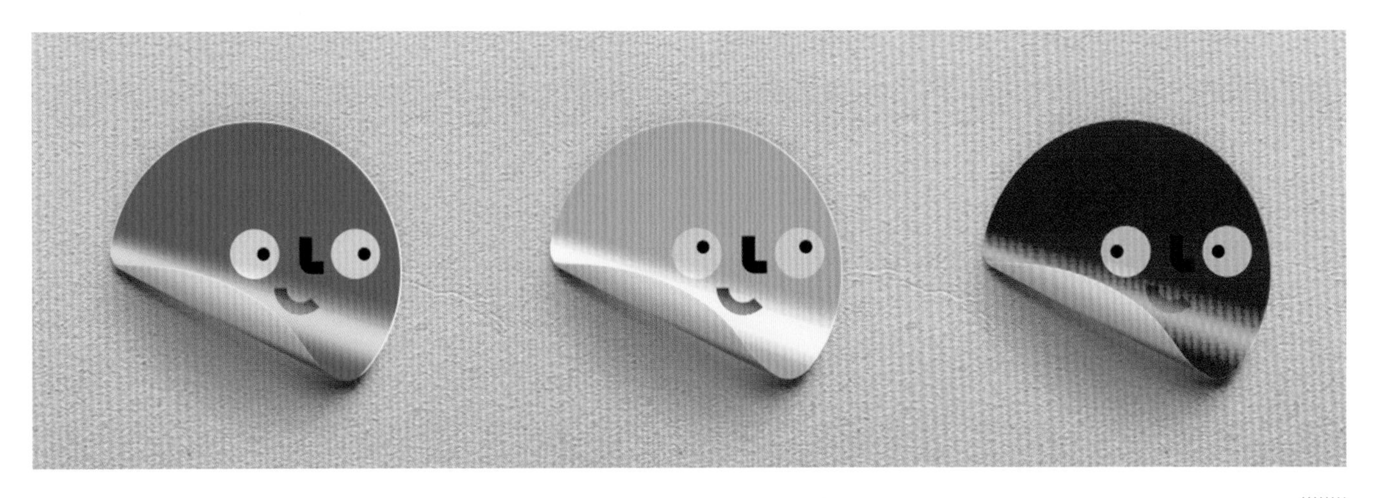

2F
어린이 열람실
안내데스크
창작마루
생각마루
서로이음 세미나실
북적북적2 동아리실

1F
영유아 열람실
안내데스크
그림책방
노리마루
다가치 자원활동실
맘휴 休
수유공간
북적북적1 동아리실

아리랑 어린이 도

B1
통합안내
회원가입 | 대출반납

아리랑 어린이 도서관
ARIRANG PUBLIC LIBRARY FOR CHILDREN
아리랑어린이도서관
시범운영 기간입니다

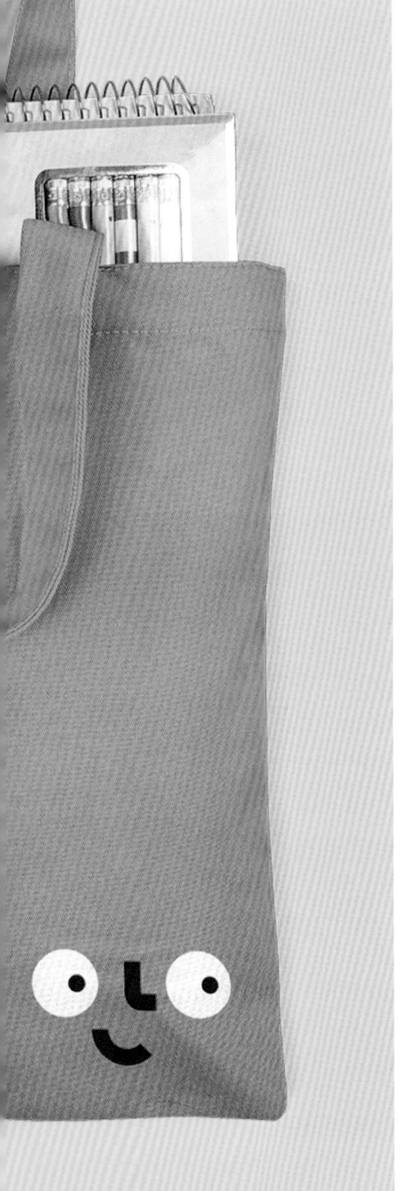

검색

Small Big Dreamers
儿童展览空间

项目地点：新加坡

完成时间：2018

设计：WY-TO 事务所

摄影：弗兰克 · 皮克斯（Frank Pinckers）

该项目不仅从孩子的角度吸引“小梦想家”，还以一种充满纯真、童趣的方式展现给前来观展的“大梦想家”。“脑洞”大开的视觉系统带领孩子们经历了一场通过身体运动去体验想象中的世界的旅程。

该空间的设计考虑了年轻观众是如何看待物理空间的。根据孩子们对实体空间的感知情况，设计团队设置了较窄的通道、高度不一的台面和低矮的入口通道。在展览空间内，孩子们可以进行大量奇妙的活动，充分调动自己的身体感官，例如，通过走路、穿越和摆姿势等肢体动作得到一些打开装置的线索，让日常物品（如锅和桶）发出声音，给纸飞机上色……这些活动有助于观展者理解展览的主题——通过身体运动探索艺术。

寓教于乐的艺术纸袋提升了观展者的体验，这是为了让观展者理解身体体验艺术的意义而设计的。纸袋里装有鼓励观展者思考并参与各个展览空间实践活动的卡片。观展者可以借助阳光制作属于自己的友谊手环，并打造自己的万花筒，以新的视角观看展览。卡片上充满活力的人物形象不仅体现了该展览“通过身体运动探索艺术”这一主题的视觉形象，还充当了引导观展者进入各种装置、展览空间的可视化标识。

这个项目还鼓励观展者发挥想象力，创造属于他们自己的故事。这里使观展者意识到梦想可以让自己勇敢地踏上人生旅程，大胆地去体验这个世界。

KEPPEL
CENTRE FOR
ART EDUCATION

LIGHTS, SYMMETRY, REFLECTION!
LIGHTS,
SYMMETRY,
REFLECTION!
WHO ARE
YOU TODAY?

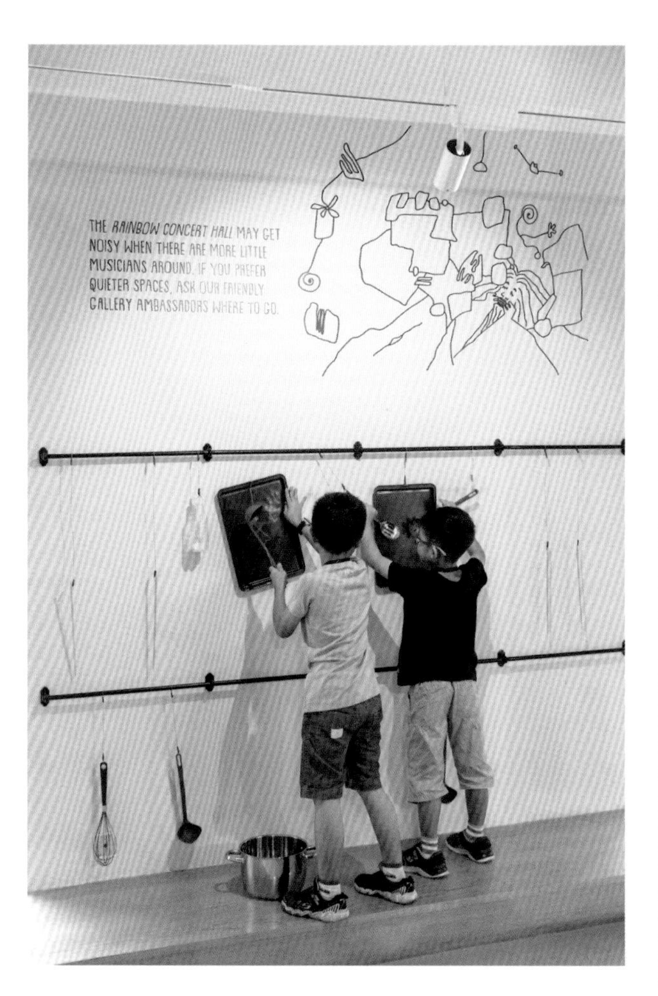
THE RAINBOW CONCERT HALL MAY GET
NOISY WHEN THERE ARE MORE LITTLE
MUSICIANS AROUND. IF YOU PREFER
QUIETER SPACES, ASK OUR FRIENDLY
GALLERY AMBASSADORS WHERE TO GO.

TAP!!!

CHILDREN'S FESTIVAL
SMALL BIG DREAMERS
ENTER HERE
9 JUN - 9 SEP 2018
#SMALLBIGDREAMERS

Lee Wen
Sun Path
Mixed media
1830 x 270 cm
When was the last time you watched the sunset?
When Lee Wen was in India for two months in 1992, he watched the sunset every day. The setting sun looked like a giant red ball dominating the skies to him. Lee Wen tried to take a picture of it but found that the camera could not capture its splendour fully. Instead, he performed Journey of a Yellow Man No. 2: The Fire and the Sun as a tribute to these beautiful sunsets that lit up the skies with a spectrum of wondrous colours.
TAKE A CLOSER LOOK AT THE IMAGE OF THE SUN SETTING OVER THE BRIDGE.
DO YOU NOTICE HOLES IN THE IMAGE?
PICK ONE OF THE ROPES ON THE BRIDGE AND LOOP IT THROUGH THESE HOLES. EACH ROPE REPRESENTS A SUNRAY.
DOUBLE THE FUN BY DOING THIS ACTIVITY WITH A FRIEND!

Lee Wen
Sun Path
Mixed media
1830 x 270 cm
When was the last time you watched the sunset?

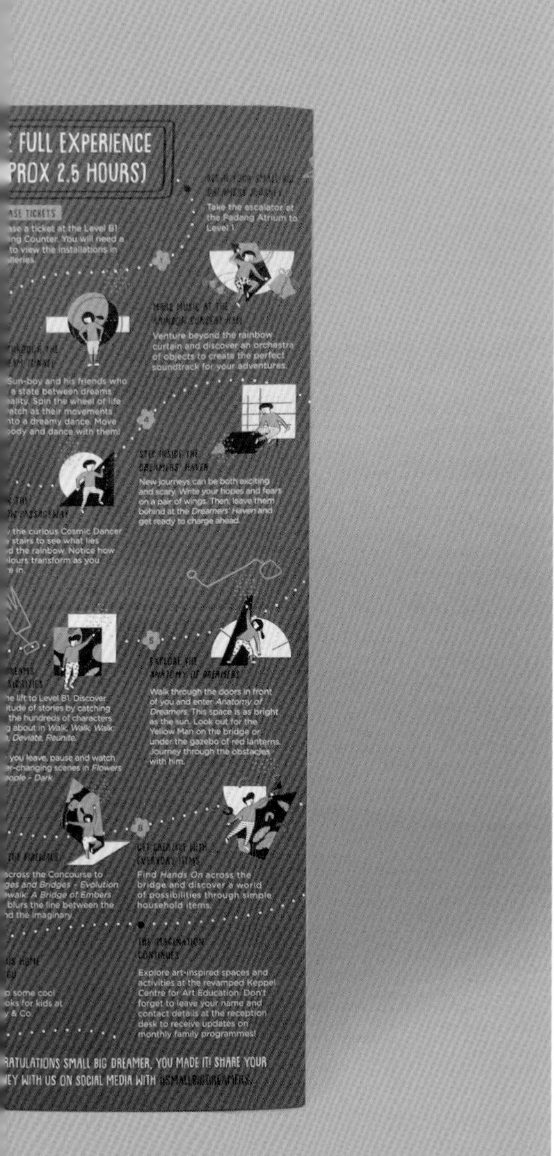
Take the escalator at the Padang Atrium to Level 1.
Venture beyond the rainbow curtain and discover an orchestra of objects to create the perfect soundtrack for your adventures.
New journeys can be both exciting and scary. Write your hopes and fears on a pair of wings. Then, leave them behind at the Dreamers' Haven and get ready to charge ahead.
Walk through the doors in front of you and enter Anatomy of Dreamers. This space is as bright as the sun. Look out for the Yellow Man on the bridge or under the gazebo of red lanterns. Journey through the obstacles with him.
Find Hands On across the bridge and discover a world of possibilities through simple household items.
Explore art-inspired spaces and activities at the revamped Keppel Centre for Art Education. Don't forget to leave your name and contact details at the reception desk to receive updates on monthly family programmes!

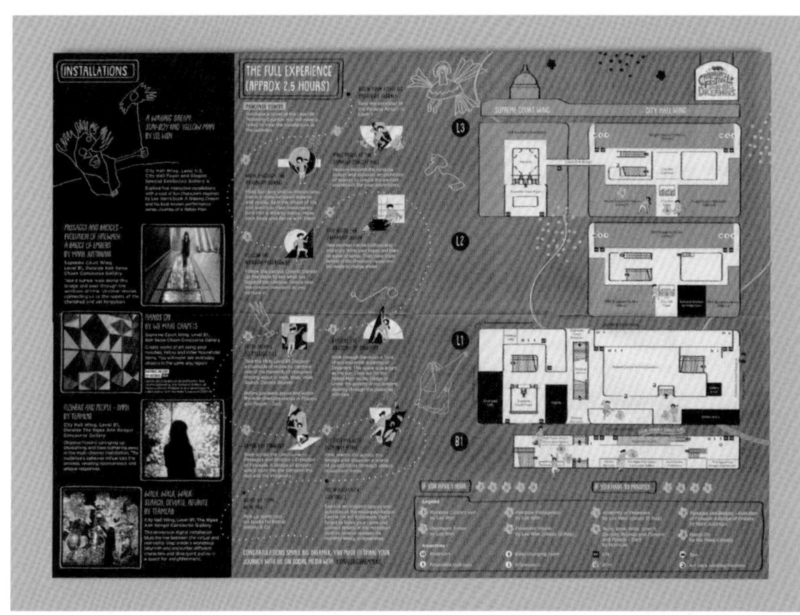
INSTALLATIONS
THE FULL EXPERIENCE (APPROX 2.5 HOURS)

WHO ARE YOU TODAY?
INSTRUCTIONS

董懂 DǒNG DǒNG 书店

项目地点：中国，惠州

完成时间：2017

设计：SORA

摄影：陈少聪

董懂 DǒNG DǒNG 书店是一个以阅读为载体，融合了文化、休闲及儿童教育等功能的城市互动空间。品牌标识是设计团队根据儿童和成人对字体不同的辨识程度所提取的关键笔画而设计的。标识中的图形结合了“董懂”二字的声调和书本打开的形象，凸显趣味的同时，强化灵动的品牌印象。黑色琴键、橙色阳光、绿色森林、蓝色海浪等自然元素图形贯穿始终，鲜活的颜色让孩子们如同置身森林之中，而生动、新奇的图形则可以激发孩子们的阅读兴趣与想象力。

书店以纯净的原木色为基调，寓意“返璞自然、回归本心”。一层设有临街的高台阅读休闲区、创意生活区和 1.5 米限高的儿童专属阅读空间，其中，有别于传统书店摆放书籍的方式，创意生活区是根据人们关心的热点及消费习惯，通过生活化的场景布置的。二层是休闲阅读区，这里为家长和孩子们提供了相对独立的阅读空间。设计师设置了透明圆窗，可以促进家长与孩子相互沟通。拥有一切可能性的三层是孩子们的梦想学院——小课堂、分享会、电影日、讲座与论坛都可以在这里实现。

董懂 DǒNG DǒNG 想要打造的不仅是可以阅读的书店，更是一个将文字融入生活的亲子文化互动空间。业主和设计师希望以书本影响一座城市的成长。

董懂 DŏNG DŏNG

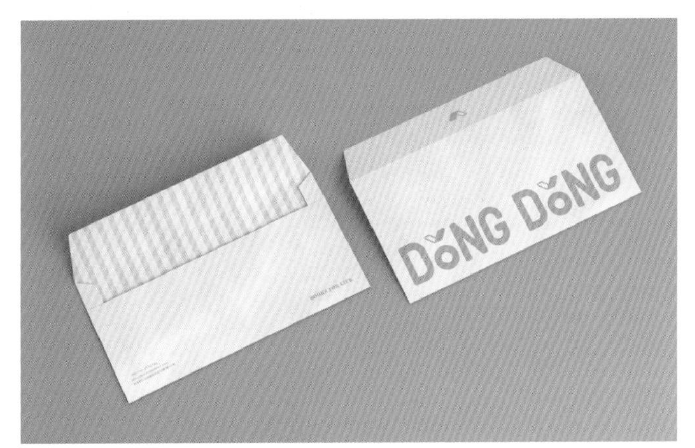
DŏNG DŏNG

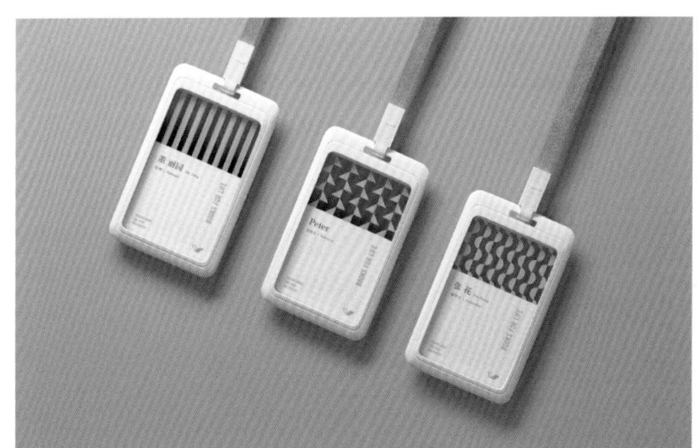
Peter

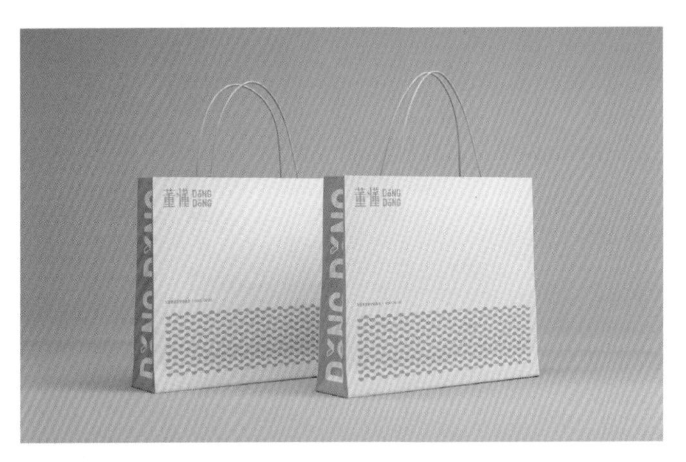
董懂 DŏNG DŏNG

DŏNG DŏNG
DŏNG DŏNG
DŏNG DŏNG
DŏNG DŏNG

少儿读物　　艺术 / 摄影　　进口书籍

人文社科
Human Science

BOOKS FOR LIFE
CEYLON

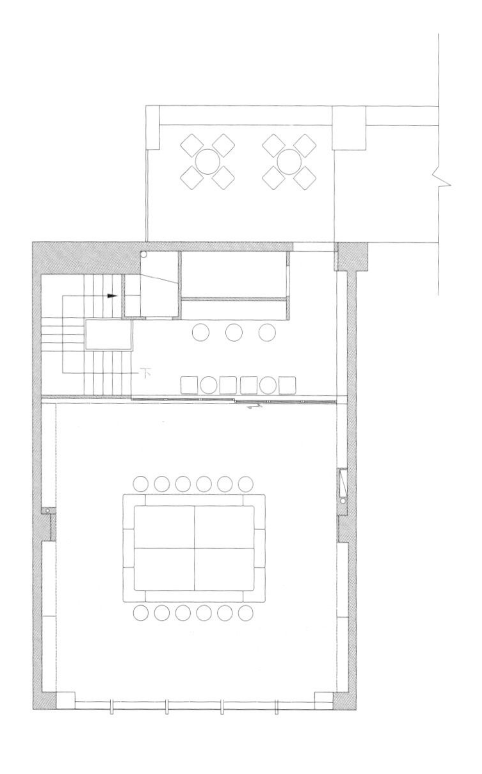

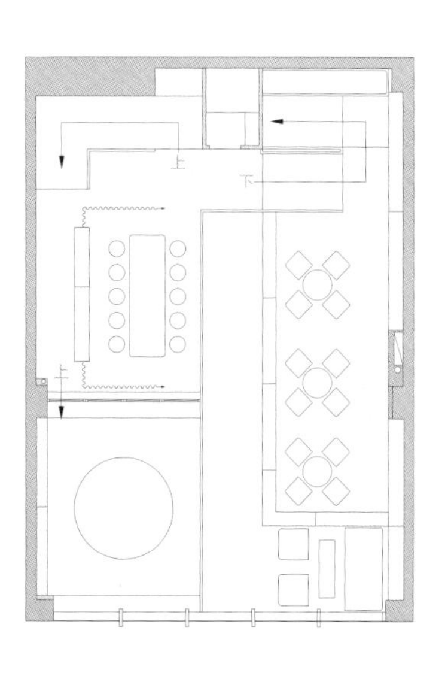

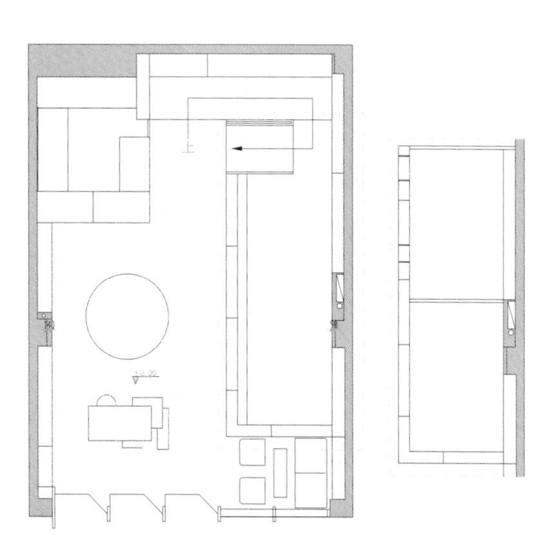

养育
文学

禁止攀爬
NO CLIMBING

IVAJ 展台

项目地点：西班牙，巴伦西亚

完成时间：2017

设计：Nueve 工作室

摄影：大卫 · M. 科登（David M. Cordón）

2017 年圣诞节期间，瓦伦西亚 · 拉 · 乔文图斯研究所（IVAJ）在巴伦西亚举行了两次展会，为当地儿童提供休闲活动和培训的空间。该机构的主要职能是维护年轻人的社会权利和自由，为年轻人提供与教育、运动相关的服务。

两次展会空间都是根据活动主题设计的，设计团队制定了一些通用的框架，然后根据现有空间布局和两个展会的活动加以调整。根据展会的活动内容，展台被划分成两个不同的区域：第一个区域用三张大桌子来展示手工艺品，第二个区域被设计成一个开放空间，可以用作接待区及举办其他活动。设计围绕“社会多元化”的概念展开。展现世界文化的装饰图案或被直接印在胶合镶板上，或被应用于聚氯乙烯树脂上，这些视觉元素创造了一种充满色彩和富有教育意义的环境。在这种环境下，IVAJ 的品牌个性通过视觉设计得到了增强。

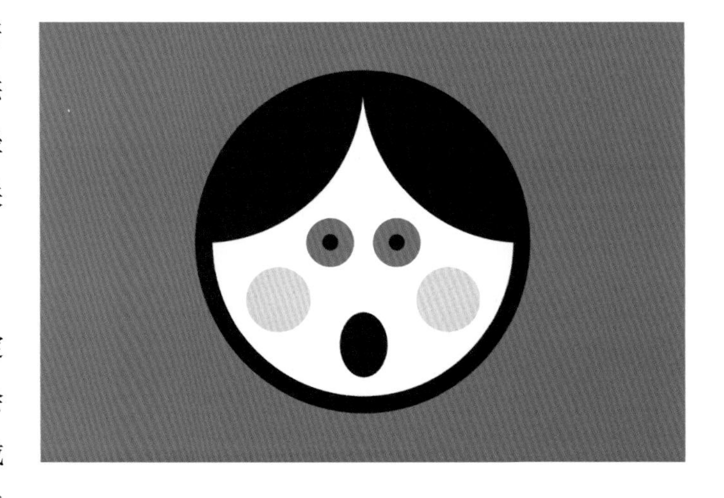

LEVANTE
EL CLUB

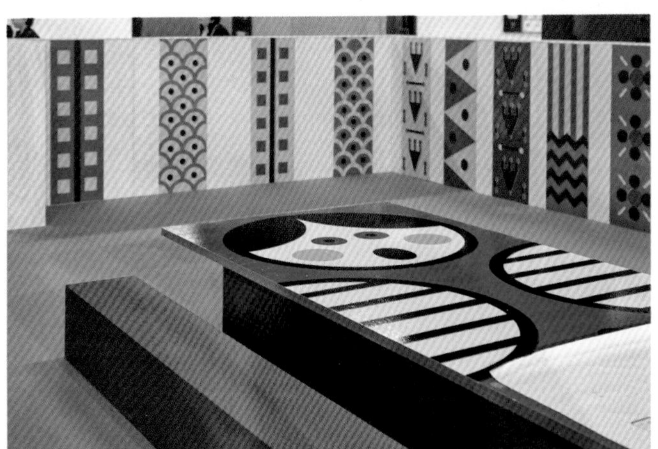

DIPUTACIÓ DE VALÈNCIA
Joventut, Esports i Igualtat
Joventut
B

Retail

零 售

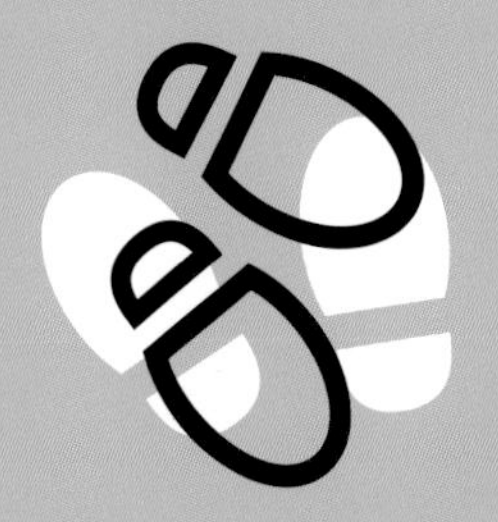

Bin&Bông 母婴商店

项目地点：越南，河内

完成时间：2018

设计：梁协（Luong Hiep）

摄影：3003 工作室

这家店的主人是一位年轻的母亲，“Bin&Bông”这个品牌名称正是来源于她的两个孩子的名字。

这是一个典型的越南管式房屋，规格为 5 米 ×20 米，两层。设计师以三角形、正方形和圆形等基本几何形状为主要设计元素，这些几何形状类似婴儿每天玩的玩具，旨在为那些跟随母亲来这里购物的孩子带来亲切感。Bin&Bông 倡导“让妈妈的生活变得轻松”。店内随处可见一些标注着不同年龄段的指示牌，方便家长快速找到适合自己孩子的商品。标识的设计简约而醒目，应用在橱窗、柜台等位置。店内柔和的色调也很引人注目：以蓝色、粉色作为白色背景墙的点缀，使来这里购物的母亲和孩子倍感温馨、舒适。

店铺的墙上装有固定的展示架，并设置了装有滚轮的销售柜台，店主可根据需要随意移动和重新布置柜台，从而为空间增加灵活性。简单、易于操作的配件随处可见：可通过接头轻松安装的可移动钢架和带滚轮的柜子能够轻易地放置或拆卸，以方便店主根据季节和节日主题改变空间的布局。商店的装饰风格也可随时变化，创造出有趣的购物体验，为家庭狂欢提供理想的场所。

KID
2 year To 5 year
S
XXL

XL

B&B
Milk
children's
Bin&Bong

“孩子的时光”童装店

项目地点：中国，武汉

完成时间：2016

设计：RIGI 睿集设计

摄影：平玥

在开始设计之前，RIGI 睿集设计对童装的消费行为进行了一系列的思索。不同于成人服装，童装的消费行为是以家庭为单位的，即家长带着孩子选择衣服，而不是孩子自己在选择衣服。从这个层面来看， 童装的消费是建立在一种社会关系上的，由此引申出一个设计的核心词——信任。RIGI 希望营造一种家的感觉，一个充满信任的氛围和一个干净、整洁、有幸福感的场所，而不是一个冷冰冰的、只讲效率的商业空间。当然，在为快销品牌做设计时，设计师会非常注重陈列的效率，同时也会注意把握色彩和材质，避免因过于温馨而失去了商业空间特有的吸引力。

设计团队在细节处增加了很多特别的设计，例如，印有身高标尺的转角、刷上黑板漆的墙面、做了圆角处理的道具台面……孩子们在这里可以任意涂鸦和玩耍。此外，他们用丰富的、模块化的道具搭建出高低错落，并且满足分区逻辑的陈列空间，让道具本身成为空间的一部分。同时，设计团队还将插画元素做了大量的软性应用，用一系列图案化的标识向儿童传递简单易懂的空间信息，通过空间、行为、道具、视觉的整合，为消费者打造一个创新型的终端体验场所。这些细节都是 RIGI 对如何增强品牌与顾客之间关系的思考，最终使顾客和商家之间产生一种情感的联结。

RIGI 站在孩童的角度去理解世界，将房子简化成一种最为单纯的几何图形来暗示“家”，并将这种几何图形大量地运用到展示板、道具、背景墙板中。在材质上，设计团队选择了毛毡、瓷砖等生活化的物料，以及柔和、温暖的木质材料，同时配上多种充满童真和幸福感的色彩，营造出温馨的氛围。

Kidsmoment

Kidsmoment
Kidsmoment
KIDS
MOMENT

2
KIDSMOMENT
MEMBER ZONE
2

2015
KIDSMOMENT
BOY&GIRL
NEW LOOK

Kidsmoment
5
KIDSMOMENT
NEW LOOK
a little fashion

THE FUNNY
MOMENTS
OF DISCOVERY
KIDSMOMENT
MEMBER ZONE
2
KIDSMOMENT
MEMBER ZONE
KM

2
5
4

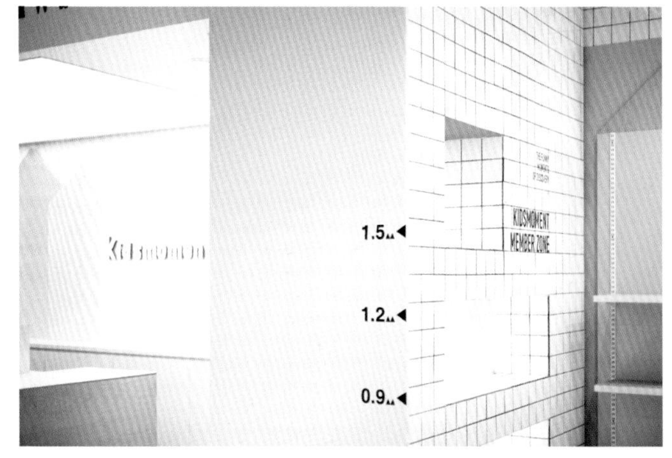
1.5
1.2
0.9
KIDSMOMENT MEMBER ZONE

6
KIDSMOMENT
NEW LOOK

KIDSIDEA
1.5
1.2
0.9

FITTING ROOM
7
6
KIDSMOMENT
NEW LOOK

3
KIDS
WORLD

2
4
4
KIDSMOMENT
BOY&GIRL
NEW LOOK

Kindo 儿童精品店

项目地点：墨西哥，圣佩德罗加尔萨加西亚

完成时间：2015

设计：Anagrama 工作室

摄影：Caroga 摄影

Kindo 是一家儿童精品店，主要经营儿童服装及配饰。这家商店有很多引领潮流的原创服装可供选择，其内部设计旨在提升消费者的购物体验，创造一个动态的空间。

品牌的设计灵感源于一款教学用的串珠迷宫玩具，这款玩具由几何造型的配件组成，以简单的图形为基础，可以创造出多种有趣的变化。店铺内部的很多细节参考了串珠迷宫的元素，例如，服装展示架参照了迷宫的管道，一系列的配饰则扮演着串珠的角色。店铺使用了大量淡雅、柔和的色彩和霓虹灯般亮丽的色彩，营造了一种令人愉悦的氛围，让孩子和大人都能享受购买服装和时尚配饰的过程。空间整体的视觉设计与品牌风格实现了完美契合。

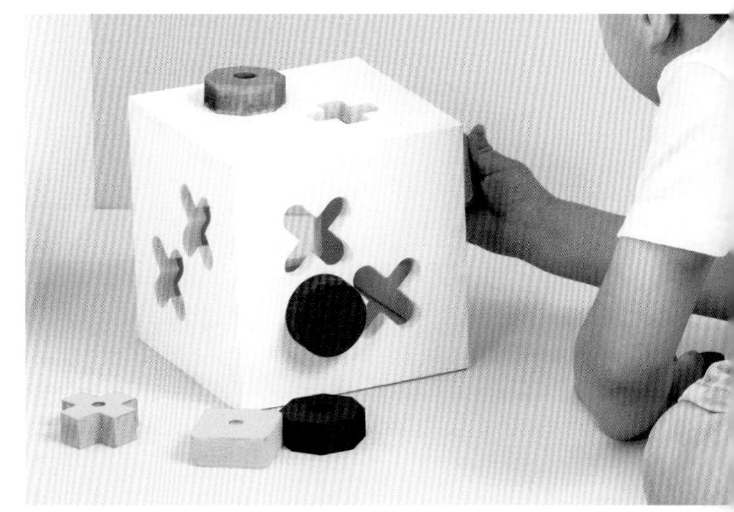

KINDO
SHOP

KINDO
SHOP
FOR THE LITTLE ONES

KINDO
SHOP
FOR THE LITTLE ONES

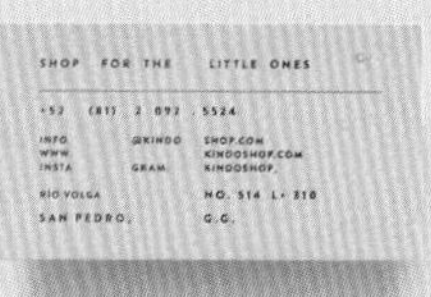

KINDO
SHOP
FOR THE LITTLE ONES

KINDO
SHOP
FOR THE LITTLE ONES

KINDO
SHOP
FOR THE LITTLE ONES

SHOP FOR THE LITTLE ONES
KINDO
SHOP
FOR THE LITTLE ONES
KINDO
SHOP
FOR THE LITTLE ONES

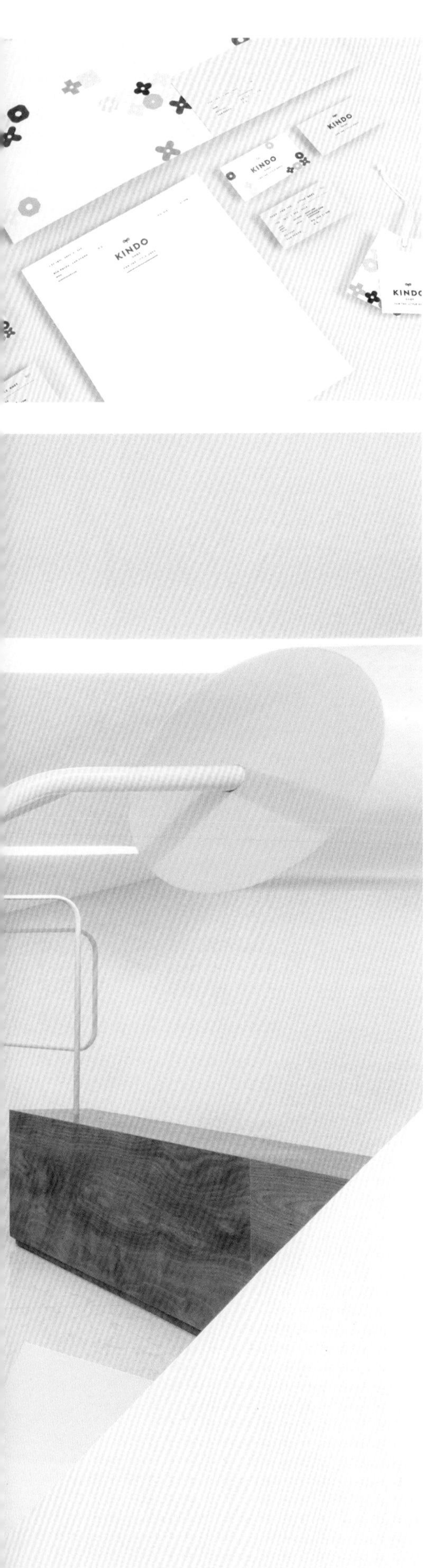
KINDO

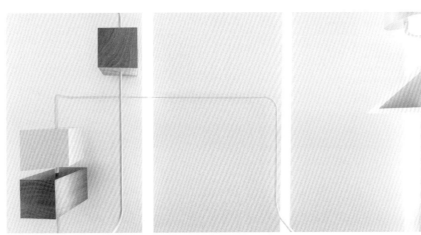

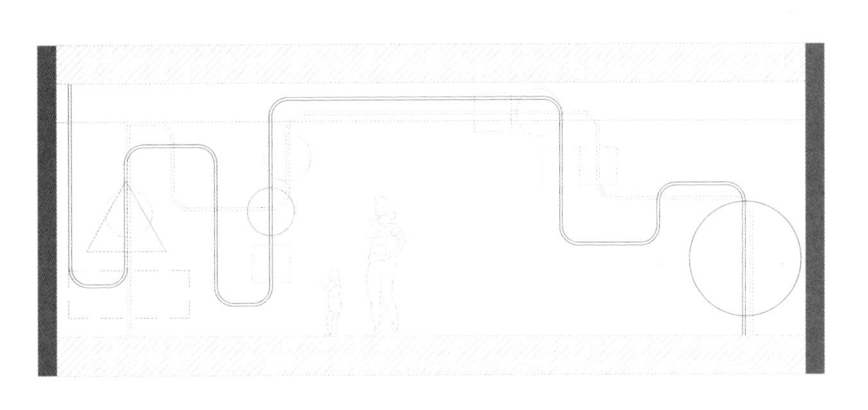

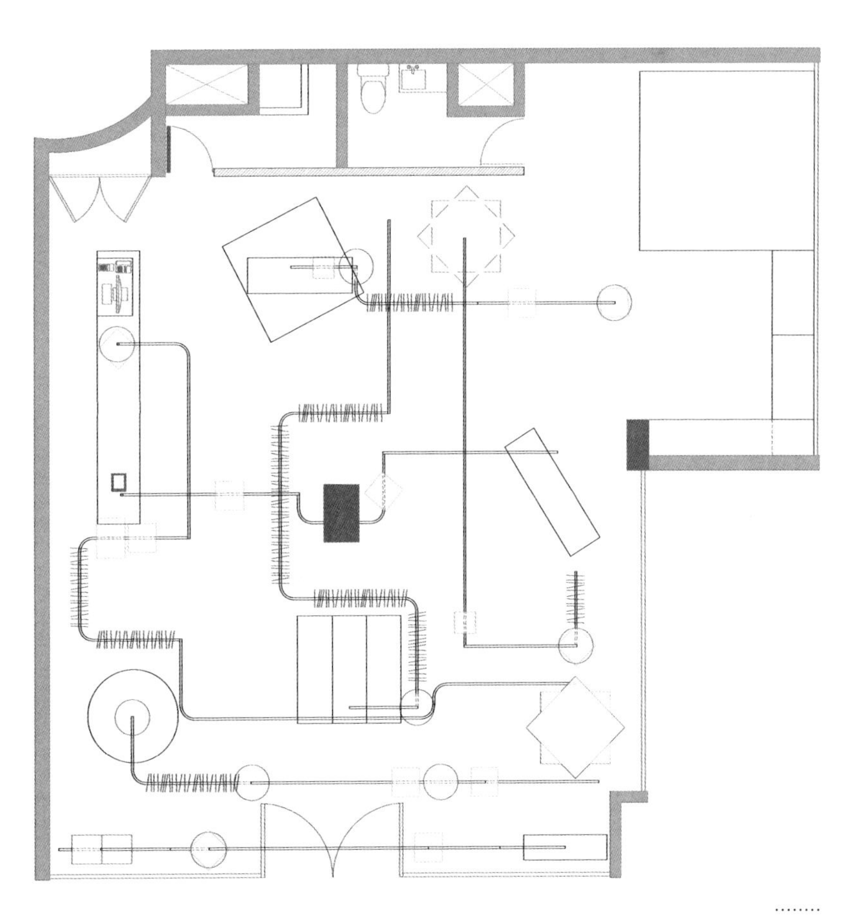

Little Stories 童鞋概念店

项目地点：西班牙，巴伦西亚

完成时间：2018

设计：Clap 工作室

摄影：丹尼尔·鲁埃达（Daniel Rueda）

2017 年，Little Stories 的两位合伙人来到 Clap 工作室，他们希望可以打造一家童鞋概念店。设计团队从店名"Little Stories"入手，设计了一个冲击力很强的品牌视觉标识及与其风格统一的内部空间。与店主进行多次商讨后，设计团队提出了三个反映 Little Stories 精髓的关键点：趣味性、简单性和适应性。

Little Stories

Little Stories 的品牌视觉形象在店铺内外都有所展现，其整体是由一系列线条组成的，以便用不同的形式来展现品牌特征。品牌标识选用的是亲切、简单的无衬线字体。品牌形象一经确定，设计团队便着手概念店的室内设计工作。Clap 工作室的目标是为来店里消费的孩子和他们的家长带来独一无二的体验，力求让每处细节的设计都能激发孩子们的想象力，同时突出店铺想要展示的产品。

占地 70 平方米的店铺是一个开放空间，设计团队在立面上安装了几个大落地窗，营造出超大内部空间的错觉。地面上的可移动小展台和墙上的磁性金属板，让店主可以根据需要改变产品的展示位置和空间布局。安装在圆柱体上的灯管从天花板上"长"出来，照亮了空间和产品，将顾客的注意力集中到产品上。

Little Stories

Little Stories
Little Stories

Little Stories

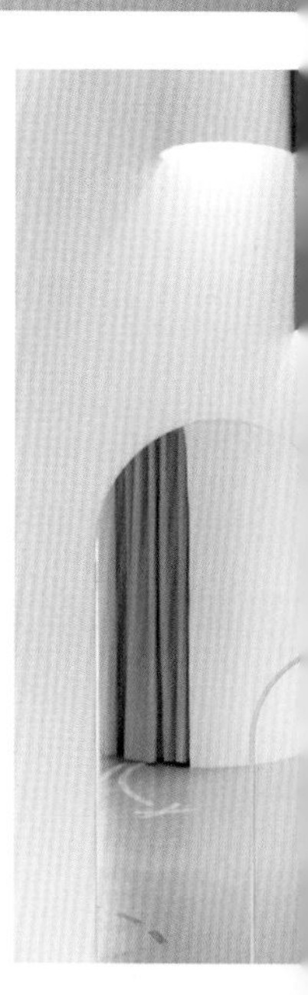

Little Stories
www.littlestories.es

Little Stories
www.littlestories.es
+34 963 445 075
hello@littlestories.es
Facebook-Instagram:
@littlestories.es

Little Stories

stuciones

Little Stories

Little Stories

茂宜岛棒冰店

项目地点：美国，夏威夷

完成时间：2017

设计：布兰登 · 阿奇博尔德（Brandon Archibald）

摄影：布兰登 · 阿奇博尔德

本案的设计目标是开发品牌概念、创建品牌视觉形象，以及完成第一家连锁店的室内设计。设计团队开始研究项目的时候，便被真正的夏威夷特色——提基（tiki）神像吸引。提基是波利尼西亚文化的标志，指的是毛利人在神圣仪式中使用的不同类型的人形雕像，有木头的，还有石头的。因此，设计团队决定将提基神像作为视觉形象设计的一个关键元素，以此向当地文化致敬。

品牌标识设计与室内设计是一同展开的，其核心理念是将当地文化与代表夏威夷精神的色彩结合起来。品牌形象的主体是手中握着一根冰棍的提基神像，清晰地展现了品牌主营的产品。宣传标语使用了特别设计的字体。设计团队还设计了一些可爱的图形，如各种多汁的水果，以此来展示棒冰的多种口味。

值得一提的是，设计团队为不同年龄的孩子和成年人打造了三种高度的椅子，吧台的造型也是为了与这三种高度的椅子相搭配而设计的，这个设计可以说是整个店铺的点睛之笔。

GIFT SHOP
maui pops

MANGO TANGO
HANA HOU
LANI KAI
ALOHA AU LA 'OE
POMAIKA'I
HOKEO
FIGGIN AWESOME
AKAMAI

maui pops
maui pops

TO DO
LIST
WASH dishes
buy A cake
plAn VACAtion
ordeR pizzA
At 3 p.m.

maui
POPS
maui
POPS

maui pops

HERE YOU CAN TASTE DELICIOUS
maui POPS
MADE
OF NATURAL INGREDIENTS THAT GROW UNDER
BRIGHT HAWAIIAN AS FOR
HE LIKES
AND POPSICLE THE MOST
ALOHA

maui POPS

maui POPS
maui POPS

THE
maui

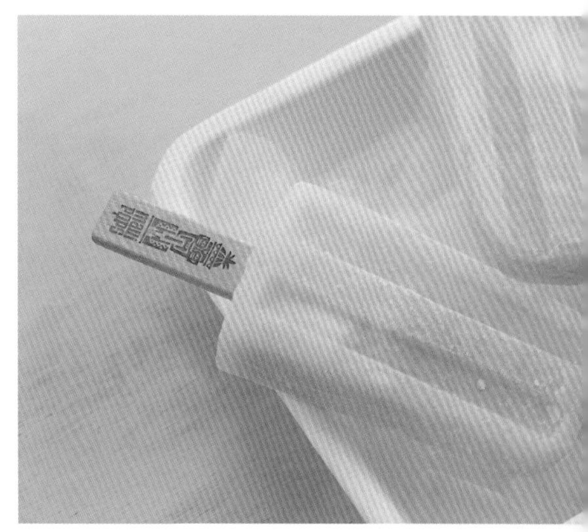

maui
POPS
stickers

maui
POPS
TIKI
BOOM

Petit Boo 儿童产品概念店

项目地点：葡萄牙，波尔图

完成时间：2015

设计：Axon 工作室

摄影：阿尔瓦罗 · 马蒂诺（Álvaro Martino）

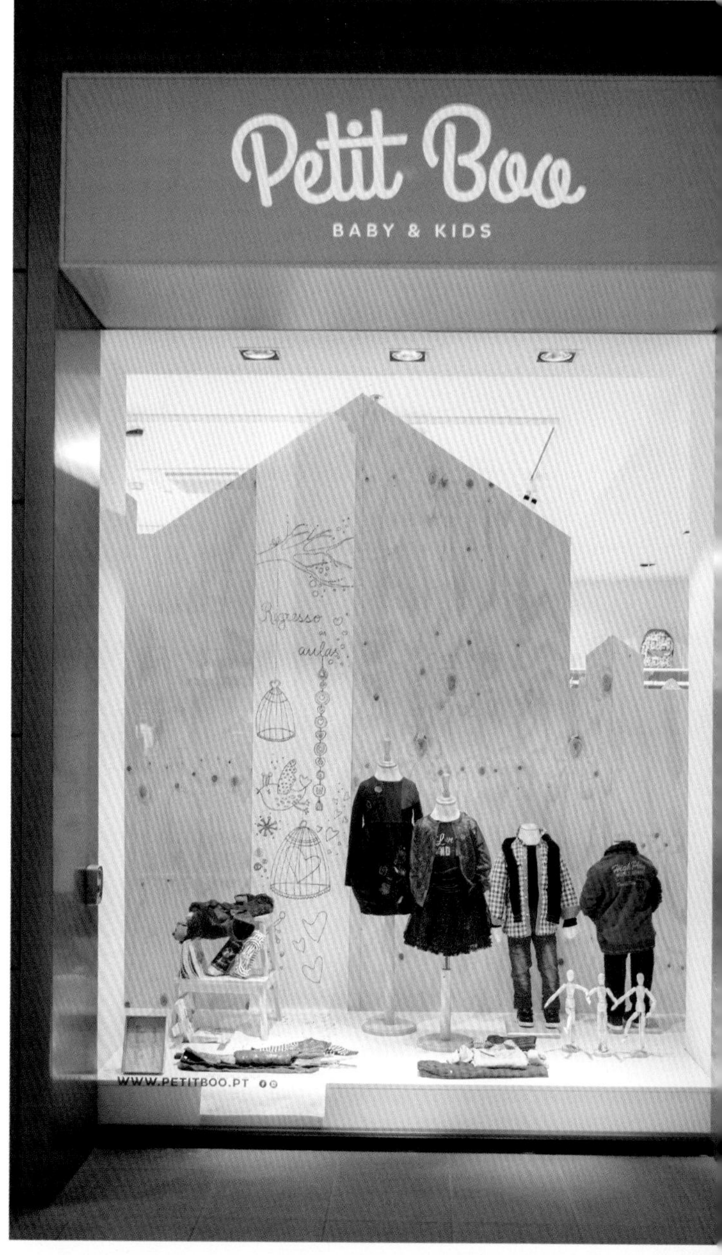

这家位于波尔图的儿童产品概念店售卖各式各样陪伴宝宝成长的产品。这是一个令人愉快、充满趣味的空间，超过 30 个品牌的产品琳琅满目，让消费者仿佛置身于幻想的世界中。

在确定了一个独特的店名之后，设计师围绕店铺的名字设计了品牌标识和其他周边产品，如客户卡、礼品袋。品牌方想要实用、色彩明亮的视觉形象，因此，设计团队选用了黄色作为主色调——黄色是最明亮且最有活力的颜色，能向人们传达清晰、乐观、温馨、快乐、积极和光明等信息，这些积极的信息非常适合以儿童为中心的品牌。Axon 工作室提供的充满活力的视觉形象设计方案为这家店注入了新的活力。

在经营实体店面的同时，业主希望开展线上业务，以便进行品牌的推广。于是，设计团队为品牌设计了一系列后台系统，创建了一体化和自动化的线上商店，使业主可以根据客户需求完成定制服务。

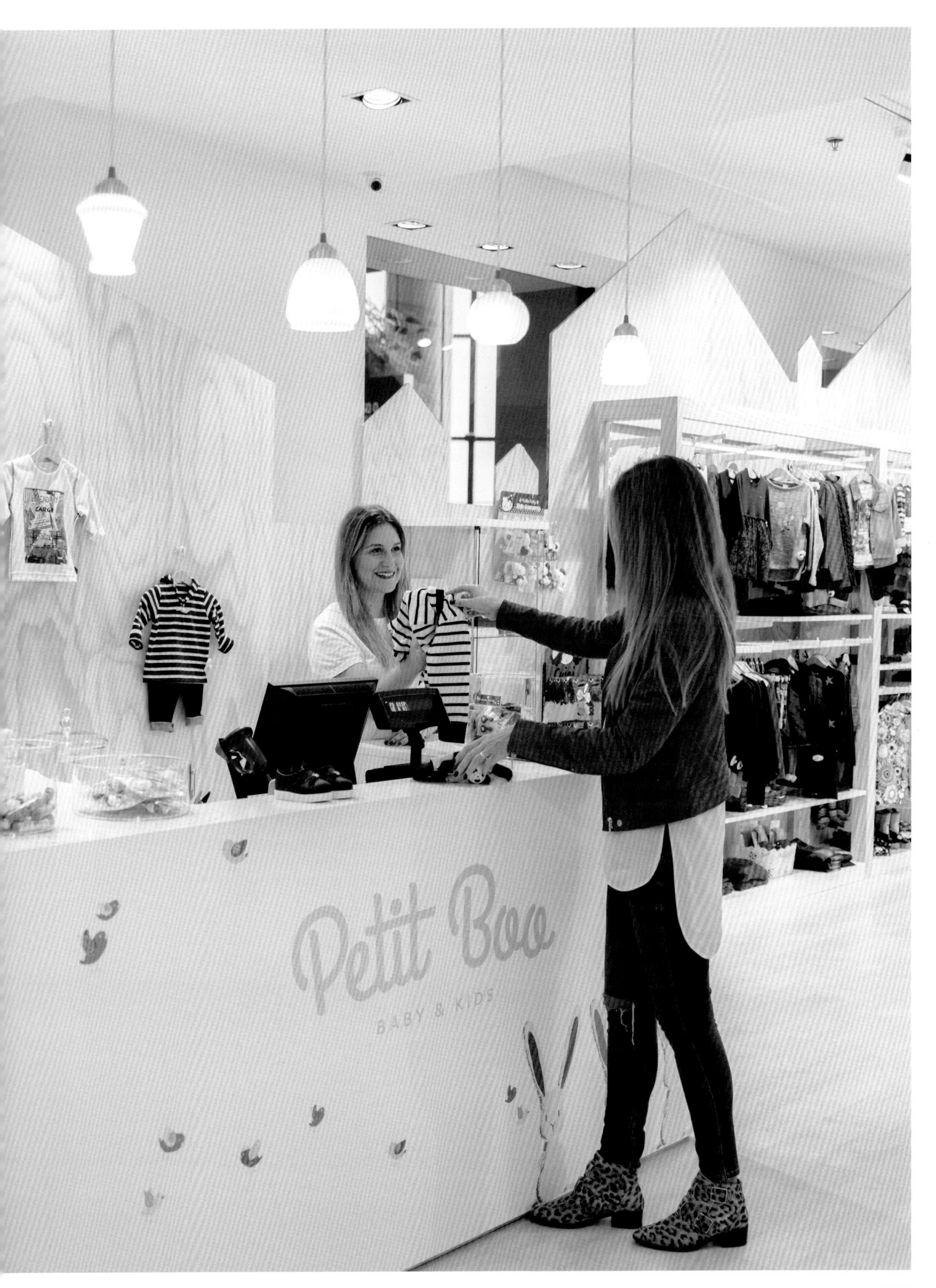
Petit Boo
BABY & KIDS

Petit Boo
Petit Boo
Petit Boo
Petit Boo
PETITBOO.PT
WWW.PETITBOO.PT

BABY & KIDS
C.C. DOLCE VITA, LOJA 111B/C • 4350 414 PORTO, PT
T (351) 223 259 055 • E GERAL@PETITBOO.PT
WWW.PETITBOO.PT
Petit Boo
Petit Boo

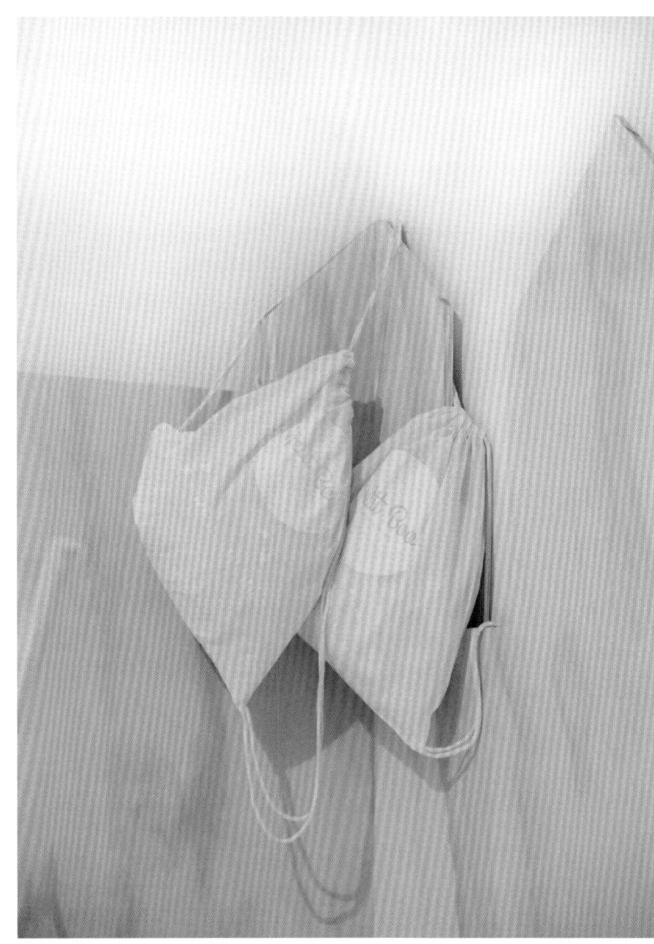

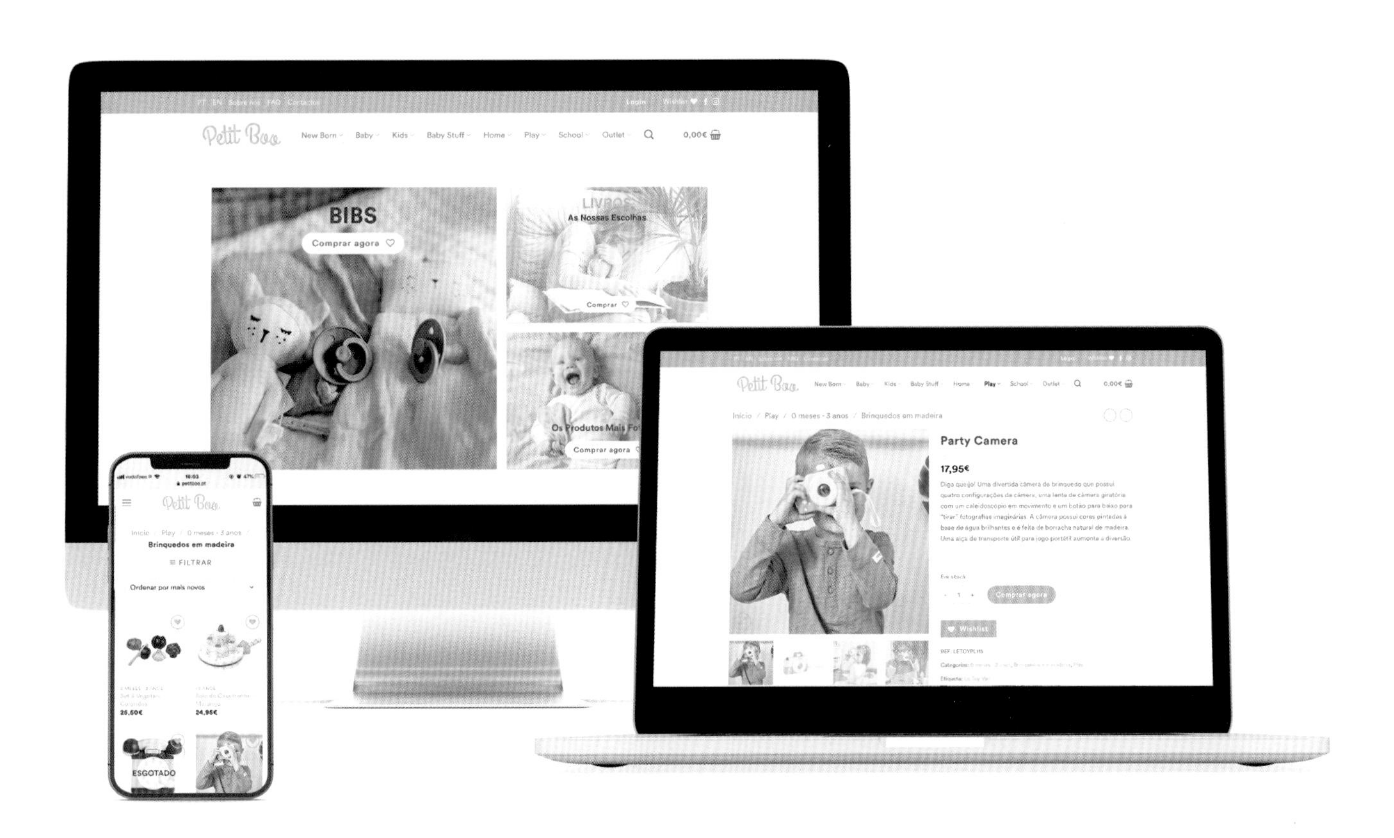

Petit Boo
New Born
Baby
Kids
Baby Stuff
Home
Play
School
Outlet
0,00€
BIBS
Comprar agora
As Nossas Escolhas
Comprar
Comprar agora
Party Camera
17,95€
Comprar agora
Wishlist
Brinquedos em madeira
FILTRAR
Ordenar por mais novos
26,50€
24,95€
ESGOTADO

Petit Boo
BABY & KIDS

Petit Boo

Petit Boo
BABY & KIDS
C.C. DOLCE VITA PORTO
WWW.PETITBOO.PT
Petit Boo

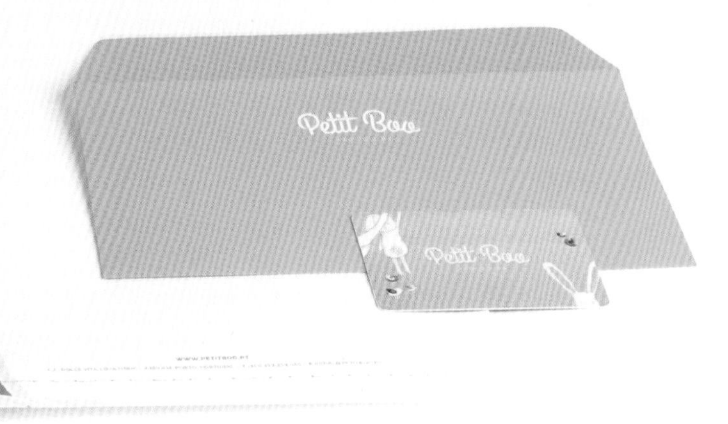
Petit Boo
Petit Boo
Petit Boo

Petit Roy 童鞋店

项目地点：加拿大，圣让上黎塞留

完成时间：2016

设计：Taktik 设计公司

摄影：马克西姆 · 布鲁耶（Maxime Brouillet）

Pierre Roy 是加拿大魁北克省的一家鞋店，创立于 1972 年，后来该品牌又创立了自己的童鞋店——Petit Roy。店主希望进店光顾的孩子和他们的父母都可以在这里获得美好的体验。

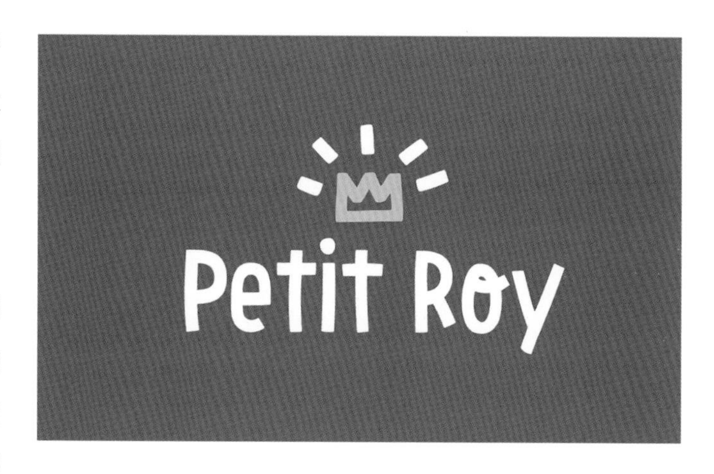

走进店内，成年人会有进入梦幻世界的感觉：木屋里摆放着各种为蹒跚学步的孩子准备的鞋子。所有商品都被摆放在与成人视线齐平的高度，以方便顾客浏览。店内空间宽敞明亮，通风良好，婴儿车可以在不同的区域顺畅地移动。内部区域按年龄段划分，鼓励顾客自发地探索整个空间。整个空间较为封闭，消费者可以在里面安静地选购商品。

幼童区有蘑菇形状的座椅和色彩鲜艳的小房子，以便小朋友们坐得高一些，这样店员为小朋友们试穿鞋子时也会更轻松一些。印有不同尺寸脚印图案的地毯非常具有吸引力——鼓励孩子们弄清楚自己脚的大小，并随时查看在过去的时间里自己的脚长了多少，孩子们可以在这个过程中获得很多乐趣。成人区提供了一个相对轻松的环境：木质平台上放有长凳，可以同时坐几个人；木质墙面既可用来展示商品，也可将这里与相邻的儿童区分隔开来。

鞋店后方设有一个类似游乐场的等候区，孩子们可以在这里玩耍。篝火、苔藓、灌木、真实的树干和秋千，一起构成了人们想象中的森林。外窗上绘有魁北克森林动物的图案，欢迎顾客的到来。整个空间的视觉形象想要传达的正是 Pierre Roy 的品牌愿景：为年轻顾客带来难忘的冒险体验。

Petit Roy

Petit Roy
Entrée sur la rue Richelieu →
Petit Roy

Partons à
'AVENTURE!
Petit Roy
certificat cadeau

Petit Roy

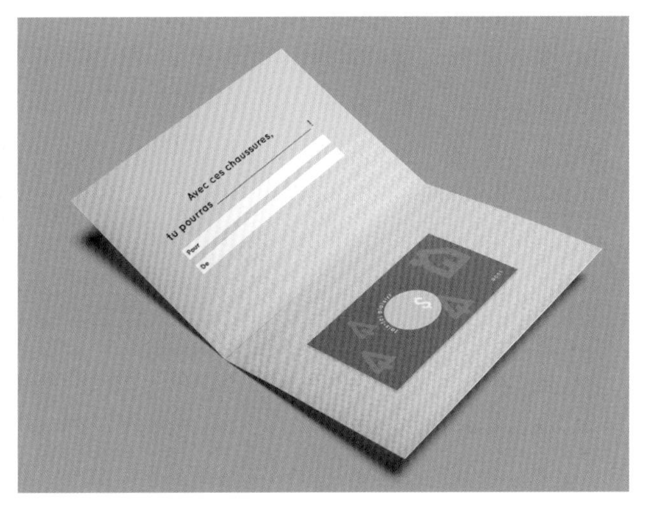
Avec ces chaussures,
tu pourras
Pour
De

Petit Roy
www.chaussurespetitroy.com
Petit Roy
www.chaussurespetitroy.com

tit Roy

Petit Roy
Petit Roy
Petit Roy
Petit Roy
Petit Roy
Petit Roy

Petit Roy
chaussures pour enfants
Petit Roy
chaussures pour enfants
info@ chaussurespetitroy.com
450.346.9849
chaussurespetitroy.com
244, rue Richelieu
Saint-Jean-sur-Richelieu
Québec, Canada, J3B 6X8

PICA PICA 儿童产品概念店

项目地点：希腊，克桑西

完成时间：2018

设计：we are two 工作室

摄影：格里戈里斯·隆迪艾迪斯（Grigoris Leontiadis），we are two 工作室

PICA PICA 儿童产品概念店是一个清新、多彩的店铺，售卖漂亮的婴儿礼品、高档玩具、车床用品，以及服饰和配饰。店内设有专为儿童设计的游戏空间和咖啡厅，培养孩子的社交和创造能力，并促进亲子关系。

店铺的名字源于“喜鹊”一词的拉丁文。喜鹊是一种非常好玩、聪明、善于创造的鸟类，设计团队选用这个名字是希望各年龄段的消费者都能轻而易举地记住这个独特的店名。他们还以砖块和四种颜色为基础，创造了一种独特的字体（可用于各种应用程序）和喜鹊标识，其灵感源于儿童的积木游戏——创造力和探索力的最好象征。设计团队借助这个耳熟能详的儿童游戏完成了品牌的视觉形象设计，使人们对 PICA PICA 产生亲切感。为了保证企业形象的整体性，设计师在全部周边产品上都使用了相同的图案，如活动名片、标签、包装袋、海报等。

PiCA PiCA
concept store

PiCA
PiCA
concept store

PiCA
PiCA
concept store

HAPPY b-DAY
DREAM biG
STAND TALL
HELLO
SUN
HAVE FUN
HAPPY b-DAY

PiKA PiKA

home
MADE
STAND
TALL

PICAPICA
ENJOY

PiKA PiKA
concept store

the swing

hAPPY b-DAY
STAND TALL
DREAM biG
MEOW
STAY WiLD
hELLO SUN ShiNE
hAPPY b-DAY

ΓΝΩΡΙΜΙΑ
ΜΕ ΤΟ ΒΙΒΛΙΟ
Δευτέρα 19/3
Ώρα 17:30
στον 1° όροφο
3-6 ετών
PiKA PiKA
concept store
Παρασκευή 11/
Ώρα 18:30 - Ηλικίες συμμετοχή

PRICE
LIST

Pie Pie 儿童服装店

项目地点：乌克兰，敖德萨

完成时间：2017

设计：泰西亚·拉芙洛娃（Taisiia Lavrova）

摄影：尼基塔·拉古京（Nikita Lagutin）

这家店的创始人秉持着这样的理念：孩子们需要观察自然之美，并在具有美感的环境中长大。

覆盖了几面墙壁的墙绘是空间的亮点，也是整个商店的标志。造型随意、大小各异的彩色斑点营造了一个充满想象的空间，让父母和他们的孩子眼前一亮。墙绘“绕”过转角，将人们的注意力转移到摆放产品的货架和柜台上。部分墙绘“遇”到立柱后，会跳跃到对面的墙上，再从货架后方向外延展。试衣间靠近店铺的中央，以小房子和休息区的形式呈现，以便引起顾客的注意。

设计师以冥想蓝、亮黄色和嫩粉色为主要颜色，柔和的色彩带来了轻盈、动感的效果。除了墙绘外，包装和其他周边产品也沿用了品牌的视觉形象，以加深消费者对品牌的总体印象。设计师试图展现儿童感知世界的基本方式和这家商店的经营理念：自由、简单、真诚，并成功地将视觉形象与品牌概念结合起来，呈现出这个充满生气、令人难忘的空间。

PiE PiE

PiE PiE
kids

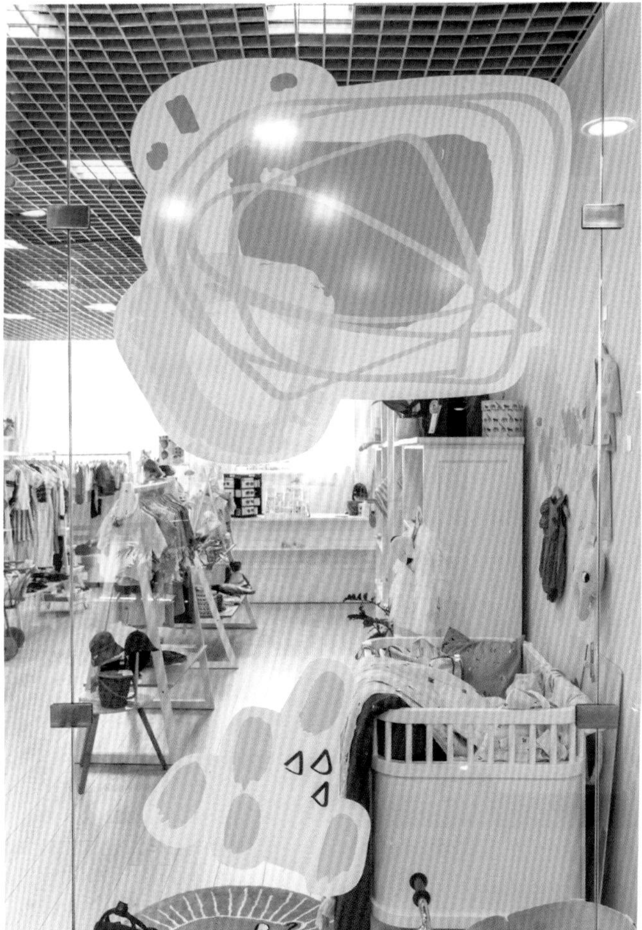

магазин детской одежды и декора
Каждая вещица в магазине Pie Pie kids —
в самое сердце! Со всего мира мы собрали
стильные и необычные бренды с историей.
Предметы интерьера для детской комнаты
датского дизайна, французкая обувь
для маленьких аристократов, повседневные
костюмчики из самых приятных тканей,
нарядные платья любимых европейских
и американских брендов!
Все бренды представлены в Pie Pie kids
эксклюзивно.
Окружаем эстетикой с детства
PiE PiE
kids
@piepiekids
г. Одесса, ул. Екатерининская, 27
ТЦ «Kadorr», 5 этаж
(093) 550 63 32
· магазин детской одежды и декора ·
окружаем эстетикой
с детства

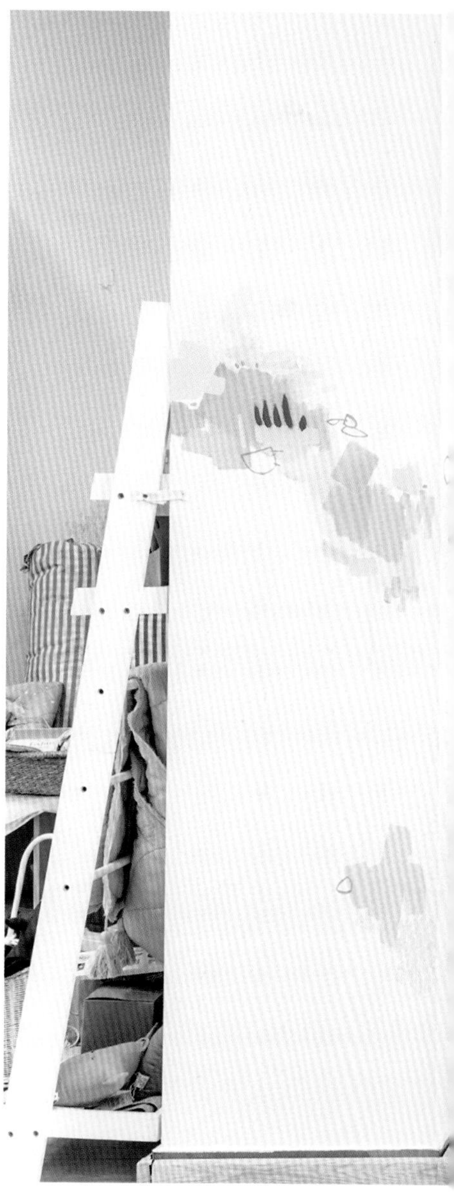

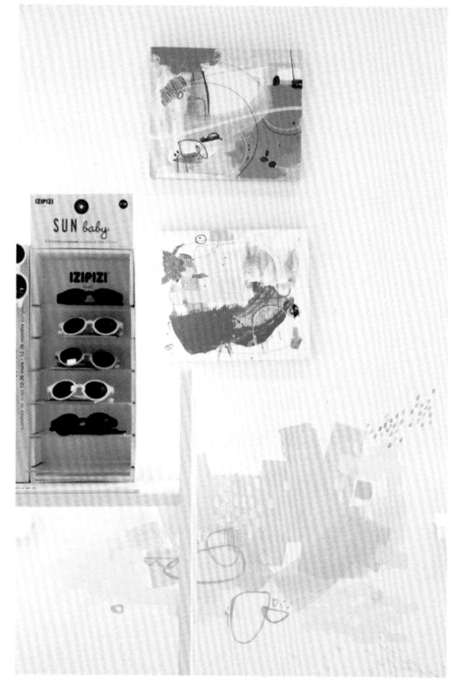
SUN baby
IZIPIZI

до -40%
ОСЕНЬ/ЗИМА 2018
SALE
до -40% на одежду и обувь
до -20% на посуду и декор

-40%

SALE

ПРИГЛАШЕНИЕ
-10%

IZIPIZI
TATTOOS

I believe in fairies

PiE PiE
accessorizes

PiE PiE
kids
@piepiekids
магазин детской одежды и декора

I believe in fairies
TATTOOS

I believe in fairies
TATTOOS

Index
索 引

RIGI 睿集设计
P172
www.rigi-design.com

Sägenvier 设计公司
PP30, 72
www.saegenvier.at

Sentido 建筑事务所
P44
www.sentidoarquitectura.com

SORA
P156
www.sorabrand.com

Taktik 设计公司
PP60, 204
www.taktikdesign.com

Toormix 工作室
P118
www.toormix.com

we are two 工作室
P212
www.wearetwo.gr

WY-TO 事务所
P146
www.wy-to.com

布兰登·阿奇博尔德（Brandon Archibald）
P192
www.brandon-archibald.com

弗拉基米尔· 特里诺斯（Vladimir Trinos）
P96
www.behance.net/trinosv

梁协（Luong Hiep）
P168
luonghiep1411@gmail.com

萨莎·舍尔斯涅夫（Sasha Sherstneva）
P134
dsnalex@gmail.com

泰西亚·拉芙洛娃（Taisiia Lavrova）
P218
tiu.miu.piu@gmail.com

西德·李（Sid Lee）
P114
www.sidlee.com

伊戈尔·科洛米（Igor Kolomiiets）
P38
www.behance.net/ikolomiiets

竹本新设计事务所（Arata Takemoto Design）
P84
www.takemotodesign.com